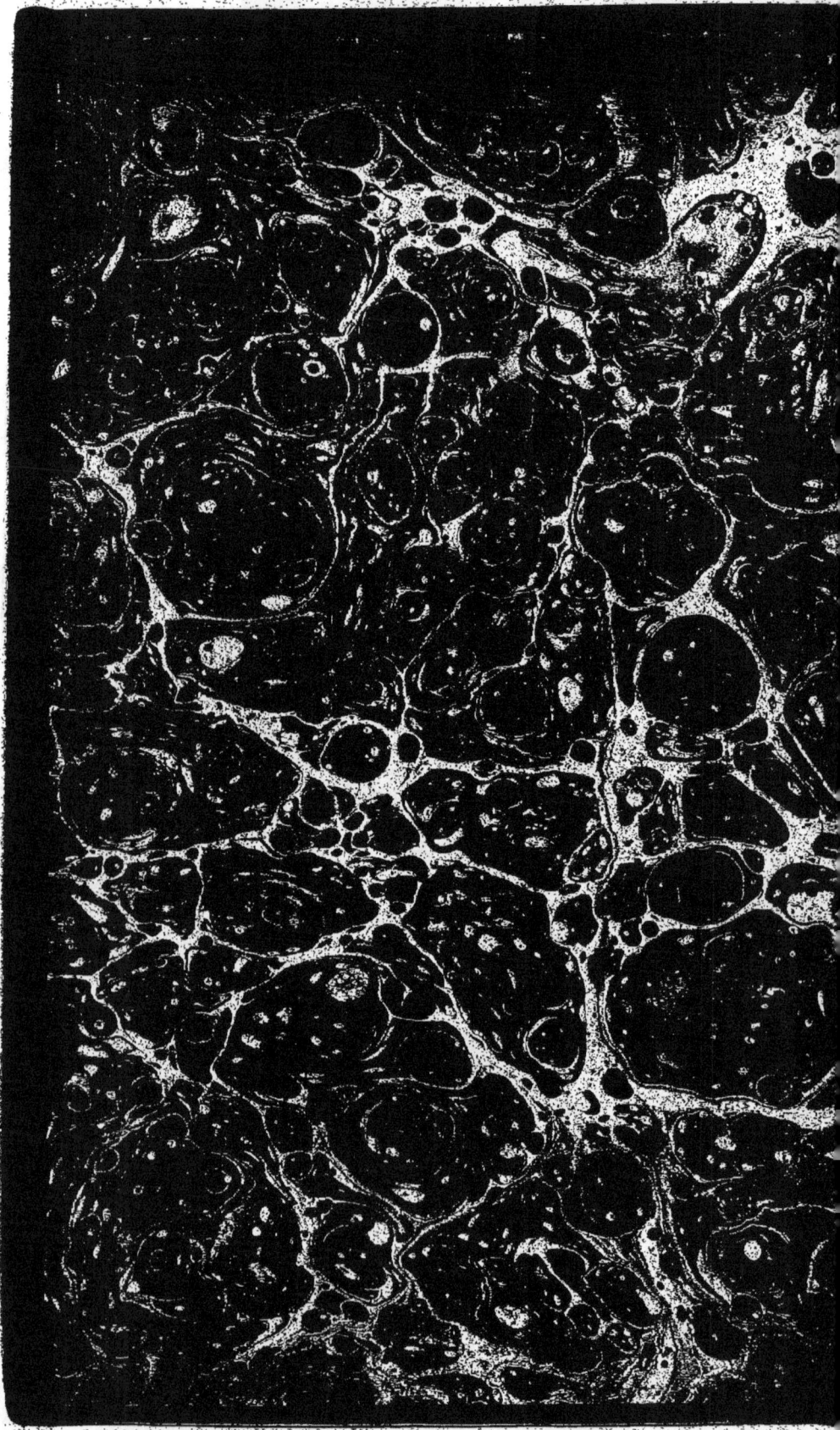

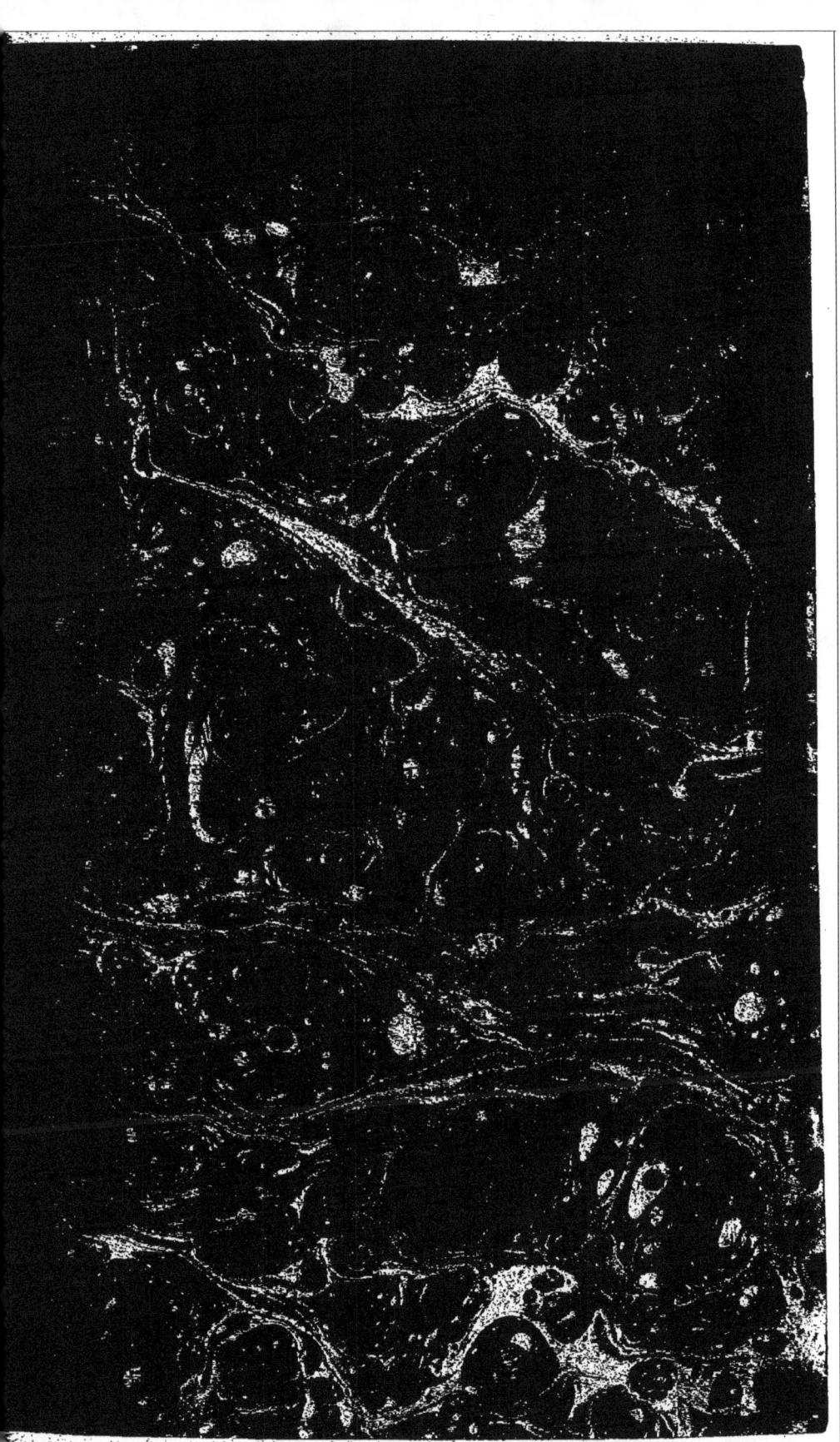

CHIMIE

APPLIQUÉE AUX ARTS.

TOME PREMIER.

Cet Ouvrage est mis sous la sauve-garde des loix : tout contrefacteur, distributeur ou débitant d'édition contrefaite, sera poursuivi devant les tribunaux. Deux exemplaires ont été déposés à la Bibliothèque impériale.

OUVRAGES DE M. CHAPTAL,

Qui se trouvent chez le même Libraire.

CHIMIE

APPLIQUÉE AUX ARTS,

PAR M. J. A. CHAPTAL,

Membre et Trésorier du Sénat, Grand-Officier de la
Légion d'Honneur, Membre de l'Institut de France,
Professeur honoraire de l'Ecole de Médecine de
Montpellier, etc. etc. etc.

TOME PREMIER.

DE L'IMPRIMERIE DE CRAPELET.

A PARIS,

Chez DETERVILLE, Libraire, rue Hautefeuille, n° 8,
au coin de celle des Poitevins.

1807.

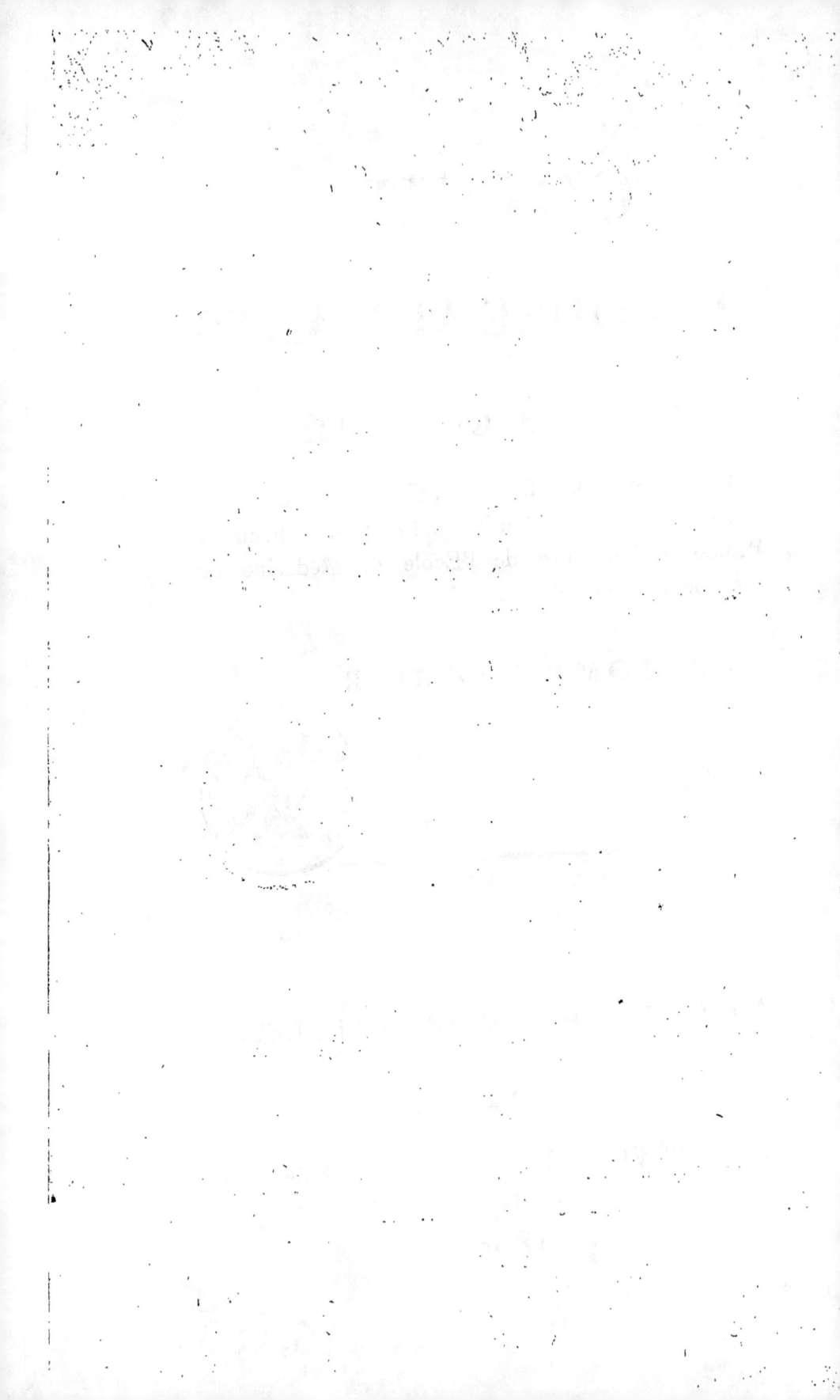

A SA MAJESTÉ

L'EMPEREUR ET ROI.

SIRE,

La France vous a salué du nom de Grand, et bientôt les Nations reconnoissantes vous proclameront le Pacificateur de l'Europe.

Alors, Votre Majesté, réalisant l'un des vœux les plus chers à son cœur, pourra protéger, de toute l'activité de son génie, les progrès de l'agriculture, la prospérité du commerce et la gloire des arts.

Admis, comme Conseiller d'Etat ou comme Ministre, pendant six années, dans le secret de vos conseils; ayant eu l'honneur d'accompagner Votre Majesté dans les ateliers de nos manufactures, j'ai pu juger de son estime pour les arts et de sa tendre sollicitude pour tout ce qui intéresse l'industrie française.

Convaincu, qu'après avoir assuré l'indépendance et la gloire de l'Empire, qu'après avoir conquis la liberté du commerce, le génie de Votre Majesté s'appliqueroit aux moyens de faire refleurir toutes les branches de la prospérité nationale, je sollicitai la mission de seconder ses généreux projets.

Ma vie entière avoit été consacrée à

l'étude des arts, mes travaux auprès de VOTRE MAJESTÉ m'en avoient fait connoître encore mieux les besoins et les ressources : je la suppliai de me rendre à mes premières occupations; elle daigna apprécier mon dessein, et l'encourager dans le titre honorable dont elle récompensa mes foibles services.

Fidèle à la condition sous laquelle vous m'avez permis de déposer le fardeau des affaires publiques, j'apporte aux pieds de VOTRE MAJESTÉ un premier tribut de mon zèle.

Si, dans cet Ouvrage, entièrement consacré aux moyens de rétablir et d'assurer la prospérité de nos fabriques, on trouvoit quelque reflet de ces apperçus brillans, de ces conceptions utiles, de ces combinaisons profondes, qui composent la pensée habituelle de VOTRE MAJESTÉ, et qu'elle transmet plus immédiatement à ceux de ses sujets qui ont le bonheur de l'approcher de plus près, le succès de cette partie de mon travail seroit encore un bienfait de VOTRE MAJESTÉ.

Heureux si, au moment où elle descendra du char de la victoire pour pénétrer dans l'asyle modeste de l'industrie manufacturière, VOTRE MAJESTÉ pouvoit y trouver quelque résultat de mes efforts!

Je suis avec respect,

SIRE,

DE VOTRE MAJESTÉ IMPÉRIALE ET ROYALE,

Le très-humble, très-soumis
et très-fidèle sujet,

CHAPTAL.

DISCOURS PRÉLIMINAIRE.

Un traité de Chimie appliquée aux arts, ne peut pas être un traité de chaque art en particulier : outre qu'une entreprise de cette nature seroit au-dessus des forces d'un seul homme, un tel ouvrage présenteroit nécessairement des répétitions fatigantes : l'air, l'eau, la chaleur, la lumière, agissent, d'après les mêmes loix, entre les mains de tous les artistes; et il suffit d'indiquer les propriétés respectives de tous ces agens, et la loi de leur action, pour que chaque artiste connoisse la cause, le mobile et le principe de ses opérations.

Le véritable moyen d'éclairer les arts, consiste bien moins à en décrire les procédés avec exactitude, qu'à en ramener toutes les opérations à des principes généraux : la description d'un art, quelqu'exacte qu'on la suppose, n'est jamais que l'histoire de ce qui se pratique, et, pour ainsi dire, la carte de ce qui existe : elle peut, à la vérité, élever tous les artistes au même degré de connoissances, par la communication des mêmes procédés; mais elle ne fait pas faire un pas à l'industrie; tandis que la science porte la lumière dans chaque opération, explique tous les résultats, et fait que l'artiste maîtrise ses procédés, les varie, les simplifie, les perfectionne, prévoit et calcule tous les effets.

Un traité de Chimie appliquée aux arts, est donc un ouvrage de principes : et je croirois avoir atteint le but que je me suis proposé, si chaque artiste trouvoit dans cet écrit la cause de tous ses résultats et la règle fondamentale de sa conduite.

Un ouvrage de cette nature n'a pu être composé que lorsque les faits ont été assez nombreux pour pouvoir être comparés, et l'analyse assez parfaite pour trouver, dans les produits d'une opération, la cause et les résultats de tous les phénomènes : il n'appartenoit donc qu'au temps d'en préparer les matériaux.

Les faits ont existé avant la science qui devoit les éclairer, les réunir et les comparer : elle est comme les méthodes des naturalistes qui n'ont pu s'établir que lorsque la connoissance d'un très-grand nombre d'individus leur a permis le rapprochement et la comparaison de leurs principaux caractères.

Mais, pour que la chimie pût éclairer les arts, il falloit qu'elle eût acquis elle-même une connoissance profonde de tous les agens, de leurs propriétés et de leur action ; il falloit que tous les corps eussent été classés, que tous leurs effets eussent été calculés et ramenés à des principes généraux. La fin du dix-huitième siècle a opéré cette révolution : des élémens inconnus jus-

qu'alors ont été ajoutés à ceux qu'on
connoissoit déjà ; l'analyse de l'air et de
l'eau est venue éclairer l'action de
ces deux substances ; la décomposition
des acides a permis d'expliquer leurs
principaux effets ; les fluides de la chaleur et de la lumière, ces sources fé-
condes d'action et de réaction, ces premiers moteurs de la vitalité, ont pris
leur place parmi les élémens des corps ;
la chimie, qui, jusque-là, avoit été bornée à quelques opérations de détail,
est devenue, tout-à-coup, une science
centrale d'où tout dérive et où tout se
réunit. On n'a pas tardé à se convaincre que la nature, aussi simple dans
ses principes d'action que féconde dans
ses développemens, ne reconnoissoit
qu'un petit nombre de loix générales ;
et les artistes, jusque-là isolés dans le
vaste champ de l'industrie, ont vu,
pour la première fois, que les rapports
les plus intimes les lioient entr'eux,
et que toutes leurs opérations se ratta-

choient à des principes qui leur étoient communs.

La chimie appliquée aux arts sera donc cette science qui, de l'analyse comparée des opérations de tous les arts, fera découler quelques loix générales où viendront se rapporter les effets sans nombre que présentent les ateliers.

On peut dire que la chimie des arts, considérée sous ce point de vue, est un phare que la main des hommes a suspendu dans le sanctuaire des opérations de l'art et de la nature, pour en éclairer tous les détails.

Mais la chimie des arts ne se borne point à porter son flambeau sur ce qui est connu, ou à perfectionner ce qui se pratique : elle crée, chaque jour, de nouveaux arts ; et, en quelques années, on l'a vue donner de nouvelles méthodes pour le blanchissage des toiles ; fabriquer, de toutes pièces, le sel ammoniaque, l'alun et les couperoses ;

décomposer le sel marin pour en extraire la soude; enrichir la teinture de
nouveaux mordans; former le salpêtre
et le raffiner, par des procédés plus
simples; composer la poudre par des
méthodes plus promptes et plus sûres;
réduire le tannage des peaux à ses vrais
principes, et en abréger l'opération;
perfectionner l'extraction et le travail
des métaux; simplifier la distillation
des vins; rendre les moyens de chauf-
fage plus économiques; établir la combustion de l'huile et l'éclairage de nos
habitations sur de nouveaux principes, et nous fournir les moyens de
nous élever dans les airs et d'aller consulter la nature à trois ou quatre mille
toises au-dessus de nos têtes.

Avant que la chimie eût ramené à
des principes généraux les nombreuses opérations de l'industrie, les fabriques, les manufactures, étoient, pour
ainsi dire, l'apanage de quelques nations et la propriété d'un petit nom-

bre d'individus ; le secret le plus absolu couvroit chaque procédé du voile du mystère ; les formules et les pratiques se transmettoient en héritage de génération à génération. La chimie a tout dévoilé : elle a rendu le domaine des arts le patrimoine de tous; et, en peu de temps, on a vu tous les peuples, chez lesquels cette science a été cultivée, s'enrichir des établissemens de leurs voisins. Les préparations de plomb, de cuivre, de mercure; les travaux sur le fer; la fabrication des acides; l'apprêt des étoffes ; l'impression des couleurs sur toile; la composition des cristaux, des terres cuites et des porcelaines, &c.; tout cela a été tiré du secret, et forme aujourd'hui une propriété commune.

Ainsi, depuis vingt ans, la chimie a créé plusieurs branches d'industrie; elle en a perfectionné un plus grand nombre, et a rendu publics presque tous les procédés des arts.

Mais, en convenant que la chimie a rendu de grands services; en espérant qu'elle en rendra de plus grands encore, lorsque ses recherches, éclairées par le progrès des connoissances, s'appliqueront plus particulièrement aux arts, nous ne pouvons nous empêcher de prémunir l'artiste et le manufacturier contre l'abus qu'on fait du mot *chimie*, et de les inviter à ne pas accorder une confiance aveugle, ni à tous les ouvrages qui portent ce nom, ni à tous les individus qui prennent le titre de *chimistes*. La chimie a ses *adeptes* et ses charlatans comme les autres sciences : le fabricant pourroit aisément compromettre sa fortune et sa réputation, s'il régloit sa conduite, ou fondoit des spéculations, sur des calculs de cabinet, sur quelques petits résultats de laboratoire ou sur des annonces trompeuses.

Ce n'est qu'avec la plus grande circonspection qu'on doit porter dans les

ateliers les innovations, quèlqu'avantageuses qu'elles paroissent. Avant de
changer ce qui est, avant de modifier
ce qui prospère, avant de détourner
un cours d'opérations qu'on croit pouvoir améliorer, il faut que l'expérience
ait prononcé sur les changemens qu'on
projette, et que le nouveau procédé
ait reçu la sanction de la pratique et
même l'aveu du consommateur.

Sans ces précautions sages, pruden-
tes, nécessaires, que le théoricien qua-
lifie d'entêtement, de préjugé, d'igno-
rance, le plus bel établissement est
bientôt désorganisé; on le voit flotter,
pendant quelque temps, dans les tâton-
nemens et l'incertitude; et, après des
essais ruineux, le fabricant s'estime
heureux de pouvoir reprendre sa première méthode, et de rétablir sa réputation sur ses anciennes bases.

Mais, si je loue cette sage retenue
du manufacturier qui, presqu'inaccessible aux nouvelles idées, n'adopte

aucun changement qu'après l'épreuve
de la pratique et de sa propre expérience, je blâme l'obstination de celui
qui rejette, sans examen, tous les perfectionnemens qu'on lui propose : car
celui qui ne marche pas avec les arts,
pour en suivre tous les progrès, se
trouve bientôt en arrière ; alors il voit
tomber, peu à peu, dans la défaveur,
les produits de sa fabrication ; il ne peut
plus rivaliser d'économie avec ses concurrens ; et, au lieu de les imiter, il
blâme leurs nouveaux procédés, qu'il
traite d'innovations dangereuses ; il in-
voque des réglemens pour que la fabrication devienne uniforme ; il demande
le régime des inspecteurs, et appelle
à grands cris, tout ce qui peut retarder
la marche éclairée des arts.

C'est par suite de ce funeste aveu-
glement que nous avons vu dépérir et
s'éteindre des établissemens qui avoient
prospéré pendant des siècles, et que,
chaque jour, nous voyons encore émi-

grer des arts, de ville à ville, ou de nation à nation.

Le fabricant se trouve donc entre deux écueils : celui d'une croyance aveugle qui compromet sa fortune en la livrant au hasard des théories, et celui d'une méfiance opiniâtre qui mine son établissement par la base, en écartant les méthodes qui peuvent l'améliorer.

La sagesse consiste donc à être accessible à toutes les découvertes, à essayer, dans les ateliers, tout ce qui a la sanction de l'expérience ou le témoignage des gens de l'art; mais à n'adopter, comme méthode de fabrication, que ce qui a été éprouvé par une pratique suffisante.

Il m'a toujours paru impossible que le chimiste pût réunir, dans son laboratoire, tous les élémens de calcul sur lesquels le manufacturier doit opérer avant de prononcer avec connoissance de cause : en effet, la main-d'œuvre,

les frais d'établissémens, l'intérêt des
fonds, les facilités pour la vente, le
goût ou le caprice du consommateur,
la nature du sol, les approvisionnemens en combustibles et en matières
premières, sont tout autant de données qu'il faut connoître, qu'il faut
peser, qu'il faut calculer; et le fabricant peut seul se procurer assez de
renseignemens pour arriver à des résultats sur lesquels il puisse motiver
sa décision.

Il y a donc, dans tout ceci, l'objet
du chimiste et l'objet du fabricant : le
premier propose, le second juge et
décide. Ce qui paroît être le mieux
pour le chimiste, peut bien ne pas
l'être pour le fabricant, parce que le
chimiste ne prend conseil que de la
science, tandis que le manufacturier
connoît ce qui existe, compare la dépense avec le produit de l'amélioration, juge les résultats des deux procédés, consulte le goût du consomma-

teur, et fonde sa décision sur une foule de faits, de convenances et de circonstances que le chimiste ne peut ni connoître ni apprécier.

Ainsi le chimiste et le manufacturier peuvent s'aider réciproquement : mais il faut que chacun garde la place que la nature de leurs études respectives leur a marquée. Une interversion quelconque, dans cet ordre de choses, ne peut qu'emmener la confusion et préparer des résultats qui ruinent les fortunes et décréditent la science.

Mais vainement on s'efforceroit de perfectionner les arts par la chimie; vainement on tenteroit de les porter à cette supériorité d'où dépendent la gloire et la richesse des Etats, si d'autres causes ne concouroient avec la science pour en assurer la prospérité.

Sans doute la cause la plus puissante

du succès d'une fabrique, est dans la bonne qualité des produits et dans l'économie de leur fabrication : mais l'homme le plus habile verra flétrir dans ses mains les germes de son industrie, si d'autres causes protectrices n'en facilitent le développement.

En supposant toutes les connoissances nécessaires pour former et pour diriger un établissement, il faut encore, pour qu'il prospère, qu'il soit formé dans un lieu qui lui soit favorable : car ce n'est point indifféremment, et presque au hasard, qu'on peut fixer un genre d'industrie sur tel ou tel point déterminé du globe; la place de chaque art a été marquée par la nature même de ses opérations; chacun a, pour ainsi dire, sa terre propre, et ce n'est pas sans les plus graves inconvéniens, qu'on peut intervertir cet ordre naturel.

Ce pouvoir des localités est sur-tout très-marqué pour tous les arts dont les produits sont à bas prix, et où la main-d'œuvre est presque nulle : ceux-ci doivent être établis à côté des lieux qui fournissent les approvisionnemens, et à portée de ceux où se fait la consommation, parce que les produits ne peuvent supporter ni le transport de la matière première ni celui de l'objet fabriqué.

Ce pouvoir des localités est moins absolu sur les objets de luxe : ainsi un atelier de poterie grossière doit être formé sur la couche d'argile qu'on travaille, et à portée des lieux qui la consomment, ou des canaux et rivières qui en facilitent les débouchés, tandis qu'une fabrique de porcelaine pourra prospérer dans le centre d'une grande ville, parce qu'ici la main-d'œuvre est tout, et que la matière première entre à peine, comme élément, dans le prix de cette poterie.

Tous les arts qui exigent une pénible réunion d'hommes, de choses et de moyens, doivent peut-être commencer par s'établir dans les villes : là, les hommes rapprochés par le besoin, existent par leur seule industrie ; ils mettent, pour ainsi dire, en commun toutes leurs ressources, et se partagent toutes les opérations pour arriver plus promptement au but. Il paroît même que ceux des arts qui demandent beaucoup de lumières, et un goût parfait, ne peuvent prospérer qu'au milieu des grandes villes, parce que ce n'est que là qu'on peut espérer de trouver les ressources nécessaires.

Non-seulement toutes les localités ne sont pas propres à former des emplacemens convenables pour les approvisionnemens, la consommation et la main-d'œuvre d'une fabrique, mais il est des lieux qui, quoique réunissant tous ces avantages, repoussent certains genres de manufactures par des considérations déduites de la nature même du sol. Ainsi une terre qui présente de grandes ressources pour l'agriculture, et fournit à tous les bras des moyens faciles de subsistance, ne peut supporter que des fabriques dont l'existence se lie naturellement à celle des productions du sol : c'est d'après ces principes que des travaux sur le lin, la laine, la soie, le chanvre et le vin, bien loin de nuire à l'agriculture, en multiplient les ressources, pourvu toutefois qu'ils n'occupent l'homme des champs que pendant la saison de l'année où la terre n'exige pas ses soins : des établissemens d'arts mécaniques ou d'objets de luxe, y dessécheroient la prospérité territoriale jusques dans ses racines.

On voit quelquefois des fabriques qui ont l'air de prospérer, pendant quelque temps, quoique placées dans des lieux qui leur paroissent peu favorables : cette prospérité n'est qu'un état forcé ; la fortune des entrepreneurs, l'intelligence des directeurs, les

faveurs du gouvernement, peuvent
bien prolonger leur existence pendant
quelques années ; mais, comme il n'est
pas au pouvoir des hommes d'anéan-
tir les causes de ruine qui agissent sans
cesse, la force des choses se joue de
tous ces efforts ; et, après une lutte pénible, on voit crouler des établissemens
auxquels il n'a manqué, pour prospérer,
que le choix d'une localité plus convenable. C'est ainsi que les verreries, les
fonderies, et autres fabriques qui consomment une grande quantité de combustible, sont frappées de mort, dès
leur naissance, lorsqu'elles s'établissent à de grandes distances des forêts
ou des mines de houille.

Nous avons déjà observé que les
arts de luxe et les fabriques d'étoffes
pouvoient prospérer dans les villes, où
une nombreuse réunion d'individus
leur présentoit des ressources, qu'on
ne pouvoit pas espérer de trouver ailleurs. Mais, combien ces avantages

sont rachetés par les inconvéniens attachés à cet encombrement d'ouvriers
sur un même point ! Quel terrible
spectacle que de voir vingt à trente
mille familles dont l'existence est essentiellement liée à la prospérité d'une
fabrication ! Une révolution politique,
un changement de goût ou de mode, une
difficulté survenue dans les approvisionnemens, une déclaration de guerre,
paralysent l'activité de ces fabriques ;
et, presqu'en un moment, on voit
l'industrie et la vie de quarante mille
individus s'agiter et s'éteindre dans
les angoisses de la misère et du dé-
sespoir.

J'ai toujours regardé ces réunions
alarmantes comme un des plus grands
fléaux attachés aux progrès de la ci-
vilisation ; et je crois qu'il est d'une
sage et prudente politique de les prévenir : outre qu'elles menacent, à chaque instant, la tranquillité publique,
elles compromettent le sort de l'art

lui-même, puisqu'elles l'exposent aux
chances très-variables de tous les évé-
nemens qui agissent si puissamment
sur la population des villes.

Pour concilier ce goût exquis qui
n'existe que dans les villes, avec la facilité et l'économie de la main-d'œuvre
qui se trouvent dans les campagnes,
sans s'exposer aux suites funestes de
cet encombrement d'ouvriers dont
nous venons de parler, je pense que
le chef d'un établissement doit résider
dans les villes, tandis que les bras qui
exécutent peuvent être dispersés dans
les campagnes : par ce moyen, le chef
consulte chaque jour le goût du consommateur ; il est entouré d'artistes et de sa-
vans qui l'éclairent ; il a toutes les facilités desirables pour ses approvisionnemens et la consommation de ses produits ; il fait mettre en œuvre ou donner
l'apprêt, sous ses yeux, aux matières
qui sont préparées à bas prix dans les
campagnes ; il augmente ou réduit sa

fabrication, selon les circonstances et d'après le simple calcul de ses intérêts, parce qu'il ne craint point que l'homme des champs, qui n'emploie à la fabrication que le temps qu'il ne peut pas donner à l'agriculture, retombe dans une mortelle oisiveté, par la cessation des travaux de l'industrie.

Si nous portions nos regards sur les fabriques qui prospèrent depuis long-temps, et dont l'existence a été inaccessible aux orages des révolutions, aux caprices des modes et à la versatilité des loix et des réglemens sur le commerce, nous les verrions toutes dans les campagnes, où l'aridité du sol et la rigueur des frimas ne permettent pas à l'habitant de se livrer, sans interruption, aux travaux de la terre; et l'expérience nous apprendroit que, quoiqu'au sein des montagnes et sous le chaume les moyens d'exécution soient moins perfectionnés que dans les villes, néanmoins les produits qu'on y fabrique sont offerts, sur tous les marchés de l'Europe, à plus bas prix que ceux des villes; ce qui provient de ce que, la main-d'œuvre y étant moins chère, elle balance avec avantage l'imperfection des moyens par lesquels on exécute.

Mais les avantages de la localité et les lumières d'un directeur ne peuvent assurer la prospérité d'un établissement qu'autant que la protection, les encouragemens, les loix et les réglemens d'un Etat sont calculés sur les vrais intérêts des fabriques.

Tous les gouvernemens ont la volonté, sans doute, de protéger les arts et le commerce; mais il en est peu qui remplissent, à cet égard, leurs bonnes intentions. Un gouvernement vraiment protecteur de l'industrie, ne voit jamais que l'art; et ses moyens, pour en faciliter le développement et en assurer la prospérité, se réduisent à ce qui suit : Rendre les approvisionnemens aisés et la consommation facile : accorder des primes à l'exportation, pour présenter les produits des fabriques nationales sur tous les marchés de l'Europe ; user de son crédit auprès des autres gouvernemens pour faire étudier les perfectionnemens et les nouveaux procédés, afin d'en enrichir son pays ; déterminer et maintenir avec énergie les engagemens et les rapports qui doivent exister entre l'ouvrier et l'entrepreneur ; consulter le sol, le climat, le caractère des habitans et l'intérêt de l'agriculture, afin de n'accorder qu'une protection éclairée, etc.

En partant de ces principes, le Gouvernement français doit s'occuper essentiellement des manufactures de laine, de soie, de lin, de chanvre, de la distillation des vins, de la fabrication des poteries et de tous les objets dont le sol lui présente avec abondance les matières premières. Ce n'est que par une interversion déplorable de cet ordre de choses qu'on l'a vu encourager, il y a un demi-siècle, les fabriques de coton, sans penser que le sort de ces établissemens nourris par des matières du dehors, alloit être livré à toutes les chances des révolutions, à toutes les intrigues des cabinets, à toutes les variations des loix sur les douanes, et que les fabriques, essentiellement territoriales, souffriroient d'autant plus de cette concurrence, que, pour encourager, multiplier et raffermir ces établissemens naissans, il falloit accorder des primes, prohiber l'entrée des produits analogues, et tourner, vers cette industrie vraiment exotique, tous les capitaux, toutes les lumières et tous les bras (1).

_____

(1) Je ne parle que de ce qu'on auroit dû faire il y a cinquante ans. Aujourd'hui que les fabriques de coton forment une branche considérable de notre

C'est encore par une suite funeste de cette fausse manière de voir, que les gouvernemens aspirent à établir chez eux tous les genres d'industrie : ils ne pensent pas que chaque pays a, par sa position, son climat, la nature de son sol et le caractère de ses habi-tans, des genres d'industrie qui lui ap-partiennent et qui forment, pour ainsi dire, son apanage. Ils ne pensent pas qu'une nation qui veut tout faire et tout avoir, se sépare et s'isole du reste des nations, qu'elle ne se réserve aucun moyen d'échange, et que cependant les véritables relations commerciales

---

industrie ; aujourd'hui que les travaux sur le coton occupent à-peu-près deux cent mille individus, le gouvernement doit, sans doute, les protéger. Mais, a-t-il été d'une sage politique de les fixer en France ? Leur introduction n'a-t-elle pas nui aux fabriques essentiellement nationales de drap, de soie, de lin, etc. ? Le gouvernement n'eût-il pas mieux fait d'appliquer ses encouragemens à ces dernières fabriques, et de laisser à nos rivaux les fils et les tissus de coton, comme moyens d'échange contre les produits de notre indus-trie et de notre sol ? Voilà la question.

ne peuvent s'établir que sur l'échange
respectif des produits du sol ou de ceux
de l'industrie.

C'est encore par une suite nécessaire de cet état forcé et de cette fausse
direction qu'on imprime à l'industrie,
que les gouvernemens se croient obligés
de prohiber l'importation des produits
des fabriques étrangères. Outre que
ces loix prohibitives seroient inutiles,
si chaque peuple bornoit son industrie
aux seuls objets que la nature paroît
avoir déterminés elle-même, et qu'il
suffiroit alors de grever d'un droit
d'entrée proportionné à la prime de la
contrebande, les produits analogues
fabriqués au-dehors; de telles loix or-
ganisent la fraude, démoralisent une
portion du peuple et influent d'une
manière sinistre sur les progrès des
arts; car le manufacturier ne cherche
à perfectionner qu'autant qu'il voit, à
côté de lui, des produits d'une fabrication meilleure ou plus économique que

la sienne : supprimez ces objets de comparaison ; et, content de ce qu'il fait,
parce qu'il trouve à le vendre, il s'en-
dort dans son état de médiocrité.

On parle chaque jour de la nécessité
de faire des *réglemens de fabrication*,
et de rétablir les inspections pour faire
prospérer les fabriques : et l'on invo-
que, à ce sujet, le régime réglemen-
taire du grand *Colbert*. On ne voit
donc pas, ou l'on feint de ne pas voir,
que nous sommes dans des temps et
dans des positions qui ne sauroient être
comparés à l'époque où parut cet
homme célèbre : les arts étoient alors
ou inconnus ou dans l'enfance : dans
cet état de foiblesse, il a fallu, sans
doute, les aider, les fixer, les accré-
diter ; et du moment qu'une bonne
méthode de fabrication étoit constatée,
il convenoit, pour la conserver et la
répandre, de faire, pour ainsi dire,
une loi de son exécution : sans cette
sage précaution, les premiers pas de

l'artiste, encore chancelans, se seroient égarés. Mais, aujourd'hui que toutes les opérations sont calculées, maîtrisées par la pratique et éclairées par les sciences, le manufacturier s'est affranchi de ses lisières, et ses progrès tiennent désormais à son indépendance. Les réglemens de fabrication, en bornant l'artiste à une marche uniforme, ne laissent rien à son imagination. C'est à leur observation trop rigide qu'on doit d'avoir été dépassés, dans la carrière de l'industrie manufacturière, par une nation rivale; et la France n'a retrouvé tout son génie, que du jour où ces barrières sont tombées : dès ce moment, l'apprêt des tissus a été perfectionné, la fabrication des casimirs a été connue, et la liberté donnée à la fabrication nous a valu une variété d'étoffes et un perfectionnement dans les procédés qui, en peu de temps, nous ont reportés au niveau des meilleures fabriques de l'Europe. Les ré-

glemens de fabrication peuvent bien
conserver le présent, mais ils perdent
l'avenir et forment le code de la rou-
tine et des préjugés.

Je sais bien que toutes les villes de fabriques où l'industrie languit, réclament
des réglemens de fabrication ; je sais
même qu'elles attribuent, presque toutes, la chûte de leurs fabriques à la suppression de ces réglemens : mais je sais
aussi, que si elles regardoient autour
d'elles, elles verroient, ou que la fabrication s'est portée ailleurs, parce
que son établissement y a trouvé quelque avantage ; ou que le consommateur a formé d'autres liaisons, parce
qu'on lui fournit à plus bas prix ; ou
que la fabrication s'est perfectionnée
dans d'autres fabriques, tandis que la
leur est restée la même ; ou que des
mouvemens politiques, des traités de
commerce ont changé leurs rapports
avec les nations qui consommoient
leurs produits ; ou, enfin, que le goût

capricieux du consommateur s'est porté
sur d'autres objets. Je ne doute pas que,
dans l'examen de toutes ces causes,
le fabricant de bonne foi ne trouvât
celle qui ralentit les travaux de son
industrie ; et qu'alors, au lieu de vou-
loir enrayer, par des réglemens, la
marche des découvertes et les efforts
de l'imagination, il ne parvînt, par
l'application des nouveaux procédés,
à rendre à sa fabrique l'état de prospérité qu'elle a perdu.

On a cru plaider la cause du consommateur en défendant celle des réglemens : mais c'est encore ici une erreur
qu'il importe de détruire. Le consommateur est le vrai juge de la marchan-
dise qu'il achète ; et l'intérêt du fabricant est de le bien servir : les relations
entre ces deux classes d'hommes ne
sont durables qu'autant qu'elles sont
établies sur leurs intérêts respectifs.
Les réglemens et les inspecteurs peuvent bien assurer une fabrication in-

variable; mais une fabrication invariable n'est pas toujours celle qui convient au consommateur; car, s'il desire
une étoffe légère et peu coûteuse, pourquoi lui imposer la loi de n'employer
à son usage que d'épaisses étoffes qu'il
n'a pas le projet d'user ?

Il me paroît encore que la liberté de
fabriquer des tissus de toutes qualités
et de toutes dimensions, est entièrement à l'avantage de l'art et du commerce : car l'industrie ne peut développer ses ressources qu'autant qu'on lui
laisse assez de latitude pour appliquer
toutes ses méthodes. L'intérêt de l'industrie est moins dans la confection
d'un habit riche et coûteux, qu'on conserve long-temps, que dans la fabrication de plusieurs habits simples qui
consomment plus de matière première,
emploient plus de bras et établissent
une circulation plus rapide.

Les réglemens ne sont nécessaires
que pour les objets sur lesquels le sim-

ple coup-d'œil ne peut pas prononcer;
tels sont tous les ouvrages d'or et d'argent : il appartient au gouvernement
d'en prescrire le titre et d'en rendre la
composition uniforme. Le gouvernement peut encore exiger que chaque
fabricant imprime son nom sur tous
ses ouvrages, pour qu'il présente une
garantie au consommateur ; mais là se
borne son devoir.

Oh! combien un gouvernement mé-
riteroit bien des arts, si, au lieu de
former des réglemens et d'établir des
inspecteurs pour en surveiller l'exécution, il envoyoit dans les ateliers les
hommes les plus instruits pour y perfectionner les moyens de fabrication ,
y introduire les améliorations dont elle
est susceptible, et y porter les procédés
et les mécaniques qui sont adoptés dans
les fabriques étrangères !

Ce que nous avons dit des réglemens
peut s'appliquer sans exception aux
jurandes et aux maîtrises : car ces in-

stitutions, sous le vain prétexte de ne donner à la société que des chefs d'atelier éprouvés par une bonne pratique, repoussoient les individus qui, s'annonçant avec beaucoup de talent, excitoient d'avance la jalousie de leurs examinateurs dont ils devoient devenir les concurrens. Mais ce qui paroîtra plus extraordinaire, c'est que de telles institutions aient existé aussi long-temps, lorsque l'expérience les accusoit et les condamnoit chaque jour. A Paris, par exemple, l'industrie s'étoit réfugiée dans le faubourg Saint-Antoine et au Temple, par la seule raison que les maîtrises n'y étoient pas établies.

Après avoir fait connoître ce que peut l'artiste et ce que doit le gouvernement pour la prospérité des arts, il me reste à dire un mot de l'influence qui appartient au consommateur. Comme l'artiste ne travaille que pour le consommateur, il doit naturellement assortir sa fabrication à ses goûts et

même à ses caprices. On peut donc le
regarder comme le vrai régulateur du
travail du fabricant; il dirige l'ouvrier
dans ses dessins et dans leur exécution;
et, s'il a du goût, il rejette tout ce qui
n'est pas parfait, et fait contracter insensiblement l'habitude du beau à l'artiste qu'il conduit; mais, s'il manque
de goût et de connoissances, il le fait
dévier de la bonne route.

Que le consommateur ne recherche
que des ouvrages parfaits, qu'il n'achète
que des ouvrages parfaits, et bientôt
l'ouvrier ne fera que des ouvrages parfaits. Que si, au contraire, le consommateur ne distingue point un travail
incorrect, d'une production sans défauts, l'artiste, n'ayant plus d'intérêt à
perfectionner, se bornera toute sa vie
à des ébauches. Le consommateur
forme donc l'artiste par la pureté de
son goût et la sévérité de son choix;
mais les institutions forment le consommateur; et ce n'est que, lors-

qu'une bonne éducation, l'étude des arts et la vue des bons modèles ont préparé une génération, qu'on peut espérer de trouver des consommateurs éclairés.

J'ai long-temps réfléchi sur l'ordre que je devois établir dans un Traité de Chimie appliquée aux arts. J'avois cru d'abord qu'il seroit plus convenable de classer les arts et d'en comparer les opérations pour remonter aux principes. Mais je me suis convaincu que je m'exposois à des répétitions, et que je grossirois inutilement mon ouvrage : par exemple, l'air, le feu, l'eau, agissant dans presque tous les arts, je me voyois forcé de parler de leur action en parlant de chacun d'eux, et de revenir, à chaque instant, sur des principes déjà énoncés. J'ai donc pris le parti d'établir d'abord les vrais principes de la science, et de rapporter à chacun d'eux toutes les opérations des arts qui en émanent; et j'ai acquis la conviction qu'en suivant cette méthode, tous les arts viennent se ranger naturellement sous la loi qui en règle les opérations.

Pour arriver à ce but, je commence par présenter les principes chimiques, et fais connoître les loix générales auxquelles obéissent les corps dans leur action réciproque; j'indique ensuite les modifications qui sont apportées à ces loix primordiales de la nature, par des causes toujours agissantes, telles que la pression de l'atmosphère, l'action de la chaleur, l'influence de la vitalité, l'effort de l'élasticité, etc.

Après avoir posé les bases fondamentales de toutes les opérations considérées dans l'ordre naturel, je m'occupe des moyens que l'art peut employer, à son tour, pour faciliter ou modifier l'action de ces mêmes loix, et imprimer, pour ainsi dire, le mou-

vement à ces puissans agens de la nature.

Cette première partie de mon ouvrage embrasse donc, non-seulement
la connoissance des loix de la nature
dans l'action réciproque des corps, mais
elle fait connoître encore les moyens
qui sont au pouvoir du chimiste pour
diriger, varier et étudier leurs effets.

Connoissant une fois les loix générales de l'action chimique, et les moyens
que l'artiste emploie, soit pour les appliquer aux corps sur lesquels il opère,
soit pour en calculer les résultats, il
m'a paru naturel de faire succéder à ces
loix fondamentales la description des
principaux corps sur lesquels s'exerce
l'action chimique ; et j'ai cru que je devois les présenter dans leur plus grand
degré de nudité ou de simplicité, pour
mieux en étudier les caractères propres.

Cette seconde partie de mon ouvrage comprend la description des

terres, des alkalis, des métaux, du soufre, du phosphore, du carbone, des gaz, etc. j'y ai même ajouté les bitumes, les huiles, les résines et les acides, parce que, quoique ces substances soient composées, les unes sont employées comme matières premières, les autres sont, entre les mains du chimiste, ses principaux agens d'action, de composition, de décomposition, et forment, par leur combinaison, les composés les plus connus et les plus utiles dans les arts.

En traitant ces deux premières parties, j'ai été conduit naturellement à parler d'un grand nombre d'arts, et à en développer les principes. Ainsi, l'art d'appliquer la chaleur, considéré sous le rapport de la construction des fourneaux, de la différence des combustibles et de la nature des substances qu'on soumet à l'action du feu ; l'art de ramener les terres à un état de pureté convenable pour les employer à leurs usages ; l'art de tirer les métaux de leurs mines et de les débarrasser de leurs alliages naturels pour les livrer au commerce ; l'art de fabriquer le charbon, de préparer le soufre, de former tous les acides ; l'art d'extraire les alkalis, les huiles, les mucilages, les bitumes, le tanin, les sucs des végétaux, la gélatine, et de les approprier aux usages du commerce ; tous ces objets ont trouvé une place naturelle dans les deux premières parties.

Après avoir développé les principes généraux de la chimie, et fait connoître les propriétés et les caractères des corps sur lesquels s'exerce l'action chimique, il ne s'agissoit que de mettre en jeu ces diverses substances, pour former des mélanges ou opérer des combinaisons, et réunir, dans le même tableau, la fabrication de tous les produits chimiques usités dans les arts.

En suivant cette marche, aussi simple que naturelle, j'ai été conduit à

traiter successivement, 1°. du mélange
des gaz entr'eux, ce qui m'a porté à
examiner l'air atmosphérique et la nature de ses principes; 2°. du mélange
des terres, sous le rapport de la végétation, et de leur combinaison dans
l'art de la poterie, de la verrerie, etc.
3°. de l'alliage des métaux, de leur
oxidation et de leur *départ*, ce qui
embrasse un grand nombre d'opérations, et fait connoître d'importantes
préparations pour les arts; 4°. de la
fabrication de tous les sels employés
dans les manufactures ou qui servent
à nos besoins domestiques ; 5°. des
combinaisons du soufre, des huiles,
du tanin, des résines, des principes
colorans, etc.

En traitant de chaque préparation,
j'ai cru qu'il étoit nécessaire d'indiquer, en même temps, le moyen de
l'employer, la cause de ses effets, et
les différences d'action qui dépendent
de quelques modifications apportées

dans sa composition ou dans son emploi.

Je n'ai pas cru devoir donner, pour chaque art, ces nombreux détails d'exécution qui constituent la pratique d'un ouvrier plutôt que la science de l'artiste. J'ai pensé que, dans une Chimie appliquée aux arts, on devoit se borner à faire connoître les principes chimiques sur lesquels chaque art est établi; j'ai cru que, dans un ouvrage de cette nature, on devoit éclairer les pas de l'artiste, et ne pas avoir la prétention de lui tracer une route purement mécanique, dans laquelle la pratique de quelques jours lui donne plus de connoissances qu'on ne pourroit lui en transmettre par des écrits; j'ai voulu, en un mot, éclairer un artiste, et n'ai pas prétendu former un ouvrier; j'ai constamment supposé que j'écrivois pour l'artiste qui exécute, et non pour l'apprentif qui entre dans un atelier.

Outre que cette manière d'envisager la Chimie appliquée aux arts est la

L · d

seule qui permette de resserrer la matière dans de justes bornes, j'ai cru
devoir adopter ce plan, par la persua-
sion où je suis, depuis long-temps, que
les lumières qui éclairent la pratique
doivent arriver après elle : en effet, j'ai
acquis la conviction, d'après ma propre expérience, que l'homme qui connoît déjà la partie mécanique et pratique d'un art, reçoit l'instruction avec
bien plus de profit que celui qui n'a
ni l'exercice ni l'habitude des travaux :
tout est abstrait pour ce dernier, parce
que les principes qu'on lui donne ne
s'appliquent à rien de connu, et qu'ils
s'effacent bientôt de sa mémoire, ou
qu'ils y prennent une mauvaise direction ; tandis que le premier réfléchit
sur sa propre expérience toute la lumière qu'on lui transmet; il voit, dans
sa pratique, la confirmation de tout ce
qu'on lui annonce ; il rapporte tout ce
qu'on lui dit à tout ce qu'il a fait; il rapproche la théorie, de ses propres opé-

rations, et l'identifie, pour ainsi dire, avec elles; en un mot, la doctrine qu'on lui enseigne est pour lui une ame nouvelle qui vivifie tous les travaux d'un atelier, où, jusques-là, il n'avoit vu que des mouvemens sans en connoître le principe, et des effets sans en sentir la cause.

Mais, je le répète, j'ai prétendu donner un ouvrage de principes, et non pas un recueil de formules ou de procédés de manipulation. J'ai eu constamment en vue d'éclairer l'artiste, en lui faisant connoître la cause de tous les résultats qui s'offrent à lui dans ses opérations, et la nature des matières qu'il emploie. Je n'écris pas pour un art en particulier, mais j'écris pour tous, et tâche de les ramener à des principes communs.

A la vérité, les arts simples, qui ne consistent que dans une seule opération, ou qui ne reçoivent l'action que d'un seul agent, sont traités, dans cet ou-

vrage, avec tous les développemens nécessaires; mais les arts compliqués, c'est-
à-dire, ceux qui mettent à contribution
l'action successive ou simultanée de
l'air, de l'eau, du feu, sur les métaux,
les terres ou les substances organisées,
n'ont pas pu être décrits avec les mêmes
détails; et je me suis borné à en établir
les principes, qu'on trouvera dispersés
dans divers chapitres : c'étoit-là le seul
moyen d'éviter des répétitions.

Au reste, ce Traité de principes
chimiques appliqués aux arts, va être
suivi de la description de quelques arts
très-compliqués; et, dans le courant de
cette année, je me propose de publier
l'*Art de faire le Vin* et l'*Art de la
Teinture du Coton en rouge.*

Dans ces différens Traités particuliers, qui suivront la publication de ma
Chimie appliquée aux Arts, je donnerai tous les développemens nécessaires pour rendre les procédés d'une
exécution facile, de sorte qu'on pourra

les regarder comme une suite ou comme une conséquence des principes qui auront été établis dans celui-ci.

Cet ouvrage, tel qu'il est, peut donc être regardé comme un Traité de Chimie dont il a la marche et la méthode : il peut servir à étudier cette belle science, dont il présente tous les principes, en même temps qu'il fait connoître la préparation et les usages de presque toutes les substances dont les propriétés sont consacrées dans les arts.

En parcourant cet ouvrage, on s'appercevra aisément que j'ai négligé d'asservir à des méthodes de classification la série des acides et celle des terres et des métaux. Je n'ai pas cru que, lorsqu'il ne s'agit que de décrire une vingtaine de corps qui se rapprochent par des propriétés générales, il fût nécessaire de les distribuer par genres, d'après la comparaison et l'analogie de quelques caractères secondaires. Outre que la mémoire n'est point fati-

guée d'un aussi petit nombre de corps,
quel que soit l'ordre dans lequel on les
lui présente, l'expérience nous a appris que les progrès des connoissances
déjouoient, chaque jour, ces combinaisons systématiques.

Quoique, depuis trente ans, j'aie
formé bien des établissemens, et que
j'en aie visité un bien plus grand nombre, il est beaucoup d'arts sur lesquels
je n'ai pas pu prendre, par moi-même,
assez de notions pour en être satisfait;
il en est d'autres que je n'ai jamais eu
occasion de voir, et sur lesquels je n'ai
consulté que des Mémoires ou des ré-
cits plus ou moins exacts. Je me suis
même vu forcé de passer sous silence
quelques articles de fabrication, parce
que j'ai craint de commettre ou de
propager des erreurs.

Mon ouvrage est donc imparfait;
mais, tel qu'il est, je le crois utile; et
c'est dans cette conviction que je le
livre au public.

TABLE GÉNÉRALE
DE LA CHIMIE APPLIQUÉE AUX ARTS.

TOME I.

TITRE PREMIER.

CHAPITRE PREMIER.

CHAPITRE II.

DES MOYENS QUE LE CHIMISTE EMPLOIE POUR
PRÉPARER LES MOLÉCULES DES CORPS A
L'ACTION CHIMIQUE,   60

TABLE GÉNÉRALE

DE LA CHIMIE APPLIQUÉE AUX ARTS.

TOME II.

TITRE II.

CHAPITRE III.

CHAPITRE IV.

DE QUELQUES SUBSTANCES COMPOSÉES EX-
TRAITES DES VÉGÉTAUX ET DES ANIMAUX,
446

TABLE GÉNÉRALE

DE LA CHIMIE APPLIQUÉE AUX ARTS.

TOME III.

CHAPITRE V.

TITRE III.

DU MÉLANGE ET DES COMBINAISONS DES CORPS ENTR'EUX,

CHAPITRE PREMIER.

DU MÉLANGE DES GAZ ENTR'EUX,

CHAPITRE II.

CHAPITRE III.

I.
e

CHAPITRE IV.

CHAPITRE V.

DES COMBINAISONS DE L'OXIGÈNE AVEC LES
MÉTAUX, OU DES OXIDES MÉTALLIQUES,
350

CHAPITRE VI.

CHAPITRE VII.

CHAPITRE VIII.

TABLE GÉNÉRALE

DE LA CHIMIE APPLIQUÉE AUX ARTS.

TOME IV.

CHAPITRE IX.

Des Combinaisons de l'Acide sulfurique,   *Page* 1

CHAPITRE X.

CHAPITRE XI.

DES COMBINAISONS DE L'ACIDE MURIATIQUE,

CHAPITRE XXII.

CHAPITRE XXIII.

CHAPITRE XXIV.

CHAPITRE XXV.

FIN DE LA TABLE GÉNÉRALE.

CHIMIE
APPLIQUÉE AUX ARTS.

TITRE PREMIER.

DE L'ACTION CHIMIQUE.

Tous les corps exercent entr'eux une action réciproque, d'où résultent des modifications dans leurs formes, ou des changemens dans leur nature et leur constitution (1).

C'est cette action dont le physicien et le chimiste cherchent à connoître les moyens, la cause et les résultats.

---

(1) J'appelle *constitution des corps*, l'état dans lequel ils se présentent habituellement à la température de l'atmosphère. Un corps change de constitution lorsqu'il passe, par exemple, de l'état liquide à l'état aériforme ou à l'état solide, ou de l'état solide à l'état liquide.

Le physicien constate celles des propriétés des corps qu'on peut déterminer sans altérer leur nature : telles sont la pesanteur, l'élasticité, la température, le mouvement.

Le chimiste étudie l'action intime et réciproque des corps, et s'occupe spécialement de tous les phénomènes qui changent leur nature ou leur constitution.

L'action physique opère sur les corps sans les dénaturer. L'action chimique embrasse tous les phénomènes qui présentent des combinaisons et des décompositions.

Le physicien ne voit que les masses dont il calcule toutes les propriétés; tandis que le chimiste étudie le jeu de leurs molécules, observe leur action réciproque, et cherche à connoître tous les changemens qui peuvent survenir.

Ainsi, toutes les opérations de la nature ou de l'art, qui emmènent des changemens dans la nature des corps, sont du ressort de la chimie.

Combien est vaste le domaine de la

chimie ! Elle comprend dans ses études tous les phénomènes que nous présente la nature dans l'immense variété de ses productions, et tous les procédés des arts que nous devons à l'industrie des hommes.

Le chimiste exprime par le mot *affinité*, l'action chimique que les corps exercent les uns sur les autres lorsqu'ils sont à des distances imperceptibles. Le physicien appelle *attraction*, la tendance qu'ont les masses à se porter l'une vers l'autre.

L'affinité est donc la base et le régulateur de toutes les opérations chimiques : nous devons donc nous occuper d'abord de faire connoître celte loi générale de la nature, pour pouvoir comprendre tous les phénomènes qui en dérivent.

Nous avons défini l'affinité une force d'action qui appartient à chaque molécule de la matière.

Cette force d'action, considérée séparément dans une molécule, n'est point la même pour toutes les molécules de différente nature qu'on peut lui présenter : la

molécule *a* peut attirer avec beaucoup
d'énergie la molécule *b*, avec qui elle
formera une combinaison solide, tandis
qu'elle refuse de s'unir avec la molécule *c*.

Il suit de cette variété dans la force
d'affinité, 1°. que les molécules qui forment des composés, sont unies et retenues
par une force de combinaison plus ou
moins grande ; 2°. qu'on peut déplacer
ou éliminer une ou plusieurs des molécules constituantes, en présentant à leur
combinaison un corps qui ait plus d'affinité avec l'une d'elles, qu'elles n'en ont
entr'elles ; 3°. que très-souvent l'application d'un troisième corps à un composé
de deux substances, loin de déterminer
une décomposition, produit une combinaison de trois corps.

De tout temps, on a essayé de déterminer
les divers degrés d'affinité qui appartiennent à chaque corps. M. Kirwan a même
cru pouvoir exprimer par des chiffres la
force d'affinité de chacun, de manière à

soumettre au calcul tous les résultats de l'action chimique.

Mais M. Berthollet a prouvé que, dans tous les cas où, par l'affinité supérieure d'un corps simple, on déplace un des deux élémens d'une combinaison, l'élimination n'étoit ni complète, ni absolue, et que la base du composé se partageoit, entre le corps décomposant et celui avec lequel elle étoit unie, en raison de l'énergie de leurs affinités respectives.

Il seroit, sans doute, bien avantageux de pouvoir, à l'exemple des physiciens, ramener à une loi générale tous les faits qui appartiennent à l'attraction chimique : mais le chimiste trouve des obstacles que le physicien n'a pas à vaincre : ce dernier a pu mesurer les distances et déterminer les masses des corps, pour leur comparer les effets et en déduire les deux loix générales de l'attraction; mais le chimiste, qui n'étudie et n'observe que le jeu des molécules, ne peut ni en connoître la masse, ni en calculer les distances.

Cependant, en rapprochant les obser-
vations, on peut en conclure que la *masse*
et les *distances* entrent comme élémens
dans l'action des affinités.

1°. Bergmann avoit déjà observé que
si on emploie, dans plusieurs cas, six parties de principe décomposant, au lieu
d'une qui suffiroit pour saturer la base,
on produit une décomposition qu'on peut
regarder comme presque totale ; tandis
qu'en employant les deux corps à parties
égales, on n'opère qu'une décomposition
incomplète et partielle. M. Berthollet a for-
tifié, par de nouvelles preuves, l'influence
des masses dans l'action chimique, et il
en a déduit l'axiome, que *le résultat d'une*
décomposition est proportionné, non-seu-
lement à l'énergie de l'affinité du corps
décomposant, mais à la quantité de ce
même corps.

Cette vérité fondamentale des affinités
ne peut point s'accorder avec l'opinion
de ceux qui veulent que la force d'affinité
ne s'exerce ou ne soit effective qu'entre

les molécules qui se touchent : elle prouve, au contraire, qu'elle porte son action au-delà des surfaces, et qu'elle est sensible à de petites distances, imperceptibles à la vérité pour nos yeux, mais que les effets nous autorisent à reconnoître. MM. Berthollet, Laplace, Haüy, ont mis cette proposition hors de tout doute.

Il suit de cette loi générale, que si l'on n'emploie qu'une petite quantité de substance décomposante, l'effet est presque nul ; que si, après avoir décomposé ou éliminé une partie d'un corps, on ajoute une nouvelle quantité du principe décomposant, on obtiendra un second résultat pareil au premier, et que, peu à peu, en agissant toujours de la même manière, et par des additions successives du principe décomposant, on opérera une décomposition entière.

Cependant, il ne faut pas conclure de ce principe, qu'il suffit d'une grande masse pour produire une décomposition constante et entière : car, pour évaluer l'effet, on ne peut tenir compte que de la portion de masse qui se trouve dans la sphère d'activité, c'est-à-dire, presque dans le contact.

Une conséquence assez naturelle qu'on peut déduire de la loi que nous venons d'établir, c'est que l'intensité d'action de la part du corps décomposant, doit décroître à mesure que ce corps se charge de la base qu'il déplace ; de sorte qu'il arrive nécessairement équilibre entre les forces de deux corps qui se disputent une base. Mais il suit aussi de ce principe, que l'intensité d'action de la part du corps décomposant doit décroître d'autant moins vîte, que ce corps est en plus grande quantité, parce qu'alors la portion de base qui est extraite ou déplacée, se répartit sur une plus grande masse ; ce qui fournit une nouvelle preuve que, même dans ce cas, l'effet de l'affinité est proportionné à la masse.

On explique encore par ce principe pourquoi, dans beaucoup de cas, on a besoin d'employer une grande dose de substance décomposante pour produire une élimination à peine sensible : ici, l'affinité étant presque nulle, il faut y suppléer par une grande masse.

2°. Le pouvoir des distances n'est pas moins marqué sur l'effet des affinités que celui des masses : mais, ici, l'influence est en raison inverse ; car l'action chimique est d'autant plus puissante, que les molécules sont plus rapprochées.

Deux corps placés à côté l'un de l'autre, n'exercent entr'eux aucune action sensible ; mais si on les mêle, et qu'on rapproche leurs molécules constituantes, on détermine l'action réciproque.

L'énergie de l'action est d'autant plus forte, que les distances entre les molécules sont moindres : ainsi, deux corps solides broyés ne forment en général qu'un mélange sans apparence de combinaison ; mais si l'on dissout l'un ou l'autre de ces corps, dès ce moment, son action devient plus forte, parce que sa division est plus grande.

La forme des molécules doit influer puissamment sur l'effet de l'affinité : car cette forme fait qu'elles s'approchent par plus ou moins de points, qu'elles présentent conséquemment à l'action plus ou moins de surface : et, comme l'action chimique n'est sensible qu'entre les parties qui sont dans un contact presque immédiat, il s'ensuit qu'elle doit varier selon la forme des molécules.

On peut encore conclure de ce principe, que la variété de formes dans les diverses molécules donnant lieu à des arrangemens entr'elles plus ou moins intimes, les affinités doivent en être nécessairement modifiées ; car telle forme peut s'assortir, s'arranger si bien avec telle autre, que les molécules se touchent par beaucoup de points, tandis qu'avec telle autre il n'y auroit presque aucun contact.

CHAPITRE PREMIER.

Des causes naturelles qui modifient l'action chimique.

Si, dans tous les cas et dans toutes les circonstances, l'affinité des corps produisoit des effets constans, invariables et toujours uniformes, les phénomènes des opérations de la nature seroient moins variés, et leur étude en deviendroit plus facile: mais bien des causes concourent à modifier son action : nous allons en examiner les principales.

SECTION PREMIÈRE.

Des modifications apportées à l'action chimique par la cohésion et l'insolubilité des substances.

Toutes les molécules du même corps sont liées et retenues par une affinité qui leur est propre, et qu'on appelle *cohésion*.

On conçoit aisément qu'il ne peut y avoir séparation de molécules et combinaison avec d'autres corps, qu'autant que la force de cohésion est surmontée ou vaincue.

La force de cohésion est d'autant plus forte dans les corps de même nature, que les molécules sont plus rapprochées.

La force de cohésion n'est point la même entre les molécules des corps de nature différente : d'où il suit que chaque corps a son degré de cohésion, et que la combinaison et la décomposition en deviennent plus ou moins faciles.

Le chimiste qui veut agir sur un corps solide, commence par le diviser, à l'aide du pilon ou du marteau. Il affoiblit par ce moyen sa cohésion et le rend plus accessible aux agens chimiques.

Il emploie souvent la chaleur pour produire le même effet: car la chaleur éloigne les molécules et diminue leur cohésion.

Le premier effet de l'action d'un corps qu'on présente à un autre, est donc de vaincre la force de cohésion. Lorsque son affinité n'est pas assez forte pour surmonter cette résistance, il y a mélange, et non combinaison : chacun des deux corps conserve ses propriétés respectives.

Cependant, dans ce dernier cas, quoiqu'il n'y ait pas combinaison, la cohésion du corps qu'on attaque doit être diminuée de toute la force d'affinité qu'exerce sur lui le corps qu'on lui présente ; et dès-lors on le *prédispose* ou on le prépare à recevoir l'action d'un autre corps qui seul n'eût pu opérer ni combinaison ni décomposition. La chimie fournit mille exemples de cette nature : presque tous les cas de dissolutions par lesquelles on prédispose les corps aux combinaisons chimiques, ne paroissent pas avoir d'autre but.

La cohésion qui rapproche les parties élémentaires, tend à donner au corps qui résulte de leur réunion des figures constantes et régulières qu'on appelle *cristaux :* lorsqu'on présente un cristal à une dissolution saturée du même sel, le cris-

tal grossit par l'application de plusieurs
molécules similaires tenues en dissolution. Cet effet est dû à l'action de la force
de cohésion qu'exerce le cristal sur les
parties de même nature dissoutes dans le
liquide, et dont les forces étoient aupa-
ravant en équilibre avec celles du dissolvant.

C'est la force de cohésion qui détermine les précipités qui se forment dans
quelques décompositions : car, dans tous
ces cas, la cohésion entre les molécules du
précipité l'emporte sur l'affinité qu'exerce
sur elles le dissolvant.

Il suit de ce que nous venons d'observer, que les substances mises en action ne
peuvent exercer la force d'affinité dans
toutes les molécules, qu'autant qu'elles
sont liquides. Alors, non - seulement les
corps agissent par toute la surface; mais,
à mesure que les parties qui sont le plus
près du contact, et qui, conséquemment,
exercent leur action les premières, se
saturent, elles sont remplacées par de

nouvelles qui attaquent la base par toute leur énergie; et, peu à peu, il s'établit un équilibre de saturation entre toutes les parties des corps. Les anciens, qui avoient connu cette vérité, l'ont exprimée par cet axiome : *Corpora non agunt nisi sint fluida.*

Pour que l'action de l'affinité s'exerce avec énergie, il suffit que l'un des corps soit liquide, et que l'autre se laisse pénétrer facilement : car alors toutes les parties se trouvent presqu'en contact; ou bien elles sont mises dans cet état par la dissolution progressive qui se fait de toutes les parties de la surface, lesquelles, par leur soustraction, laissent à découvert les couches inférieures.

Lorsqu'on déplace le corps *a* de la combinaison *a b* par le moyen du corps *c*, il peut arriver, ou que le corps éliminé *a* se précipite, ou qu'il reste en dissolution, ou qu'il s'échappe en fluide gazeux. Dans le premier cas, il entraîne avec lui une portion de la substance avec laquelle il

étoit combiné : dans le second, le principe
éliminé reste confondu avec le corps décomposant dont il modère l'action, qui
nécessairement se partage entre le corps
éliminé et celui avec lequel il fait une
nouvelle combinaison : dans le troisième,
le principe éliminé se soustrait, par son
élasticité, à l'action du corps décomposant, qui s'applique dès-lors toute entière
à sa base. Cette dernière décomposition
est la plus complète et la plus exacte,
parce qu'elle est la seule où l'affinité du
corps décomposant ne soit pas modifiée
ou affoiblie.

M. Berthollet appelle *affinité complexe*,
ce qu'on a désigné communément sous le
nom de *double affinité*. Elle a lieu toutes
les fois qu'en mêlant deux composés de
deux substances chacun, il y a échange de
bases.

M. Berthollet rapporte cet effet à la force
de cohésion, et il observe que, dans tous
les cas connus, ce sont les substances qui
ont la propriété de former un sel inso-

luble ou facilement cristallisable, auxquelles on a reconnu la plus grande affinité : c'est ainsi que l'acide sulfurique,
qui se trouve engagé dans une combinaison soluble, mêlé avec un composé qui a
la chaux, la barite ou la strontiane pour
base, opérera un échange de principes
pour s'unir à ces terres.

Toutes les combinaisons solubles de la
chaux, de la barite, de la magnésie, mêlées avec des carbonates d'alkalis, produisent un échange d'où résulte la précipitation du carbonate à base terreuse.

Dans tous ces cas, la force de cohésion,
qui est très-puissante dans les corps qui se
précipitent ou qui cristallisent, se joint à
l'affinité, qui tend à réunir les principes
qui doivent former le corps insoluble; et
c'est à l'effet de cette double action qu'on
doit rapporter l'échange qui a lieu dans
l'affinité complexe.

Ainsi, lorsqu'on fait évaporer une eau
dans laquelle on a mis en dissolution différens sels susceptibles d'échanger leurs

principes, on les obtiendra suivant l'ordre
de leur solubilité ; et c'est par elle qu'on
jugera d'avance des changemens de base
qui pourront se faire.

SECTION II.

Des modifications apportées à l'action chimique par l'élasticité.

Il est des substances qui, à la température de l'atmosphère, conservent un état
aériforme, qu'on peut regarder comme
leur état naturel : de sorte que, lorsqu'on
présente à ces corps d'autres substances
pour opérer ou une dissolution, ou une
combinaison, on a à vaincre leur élasticité.

On doit donc regarder l'élasticité des
fluides gazeux comme une résistance à la
combinaison et à la dissolutic.., qu'on ne
peut vaincre que de deux manières :

1°. Par une affinité supérieure à cette
force de résistance.

2°. Par une condensation du fluide gazeux, opérée par le refroidissement ou la compression.

Lorsqu'un fluide gazeux est entré en combinaison avec un corps naturellement solide, on éprouve moins de résistance pour le déplacer, par rapport à la tendance qu'il conserve de reprendre son état élastique.

SECTION III.

Des modifications apportées à l'action chimique par le Calorique.

Nous avons considéré jusqu'ici les modifications qui sont apportées aux affinités par des propriétés inhérentes aux corps, telles que l'insolubilité, l'élasticité, la cohésion : nous allons nous occuper à présent de l'influence d'une cause bien plus générale, laquelle paroît appartenir à l'existence d'un fluide généralement répandu dans la nature, et inégalement réparti dans les corps (1). C'est ce fluide qui, combiné dans les corps, est appelé *calorique;* c'est ce même fluide qui, rendu libre, produit la chaleur et détermine, selon les proportions dans lesquelles il existe, les divers degrés de température.

Le premier effet de ce fluide dans les

---

(1) Nous employons ici le mot *fluide,* pour nous rendre compte des effets de la chaleur, parce que nous croyons réellement à l'existence d'un fluide particulier qui pénètre tous les corps, se combine avec eux en plus ou moins grande quantité, change ou modifie leur constitution, passe de l'un à l'autre en laissant l'impression du froid ou du chaud, peut être exprimé de tous par la compression, la condensation, etc. qui, en un mot, a ses affinités propres, et présente tous les caractères particuliers aux fluides.

Je sais que de très-habiles physiciens ne regardent la chaleur que comme l'effet du mouvement, et nient l'existence d'un fluide particulier : je ne discuterai pas les raisons sur lesquelles ils établissent leur système, parce qu'il est indifférent d'admettre ou de ne pas admettre l'existence de ce fluide pour constater les phénomènes de la chaleur. On peut consulter à ce sujet les *Mémoires sur la Chaleur,* de M. le comte de Rumford, communiqués successivement à la société royale de Londres ou à l'institut de France, et réunis en un volume en 1804, chez Firmin Didot.

corps, consiste à en écarter les molécules,
à diminuer conséquemment la force de
cohésion qui les rapproche.

On peut donc regarder ce fluide comme
le modérateur de l'affinité de cohésion :
et la constitution naturelle des corps ne
dépend que des proportions qui existent
entre la force de cohésion et celle du calorique.

Nous pouvons, à volonté, changer la
constitution des corps, en leur donnant
ou en leur ôtant du calorique : nous pourrions même considérer les liquides comme
ceux où la cohésion et le calorique sont
en équilibre, tandis que, dans les corps
solides, c'est la cohésion qui prédomine,
et le calorique, dans les fluides gazeux.

Il ne faut pas conclure de ce principe,
que les doses de calorique sont fixes et
déterminées par la constitution des corps :
il en est qui changent de constitution par
les plus légers changemens de température, tandis que d'autres résistent à tous
les moyens que l'art peut employer. Pour

expliquer cette différence, il faut considérer le calorique comme un fluide qui
a ses affinités propres, et dont l'action
s'exerce sur des corps qui sont retenus par
une force de cohésion très-différente ; de
manière que, dans un cas, il suffit d'une
foible dose de calorique pour opérer un
changement de constitution, tandis que,
dans un autre cas, toutes les ressources de
l'art, pour accumuler le calorique, sont
insuffisantes.

Les diverses substances qui composent
cet univers, sont donc soumises, d'un côté,
à une loi générale qui tend à les rapprocher ; de l'autre, à un agent puissant qui
tend à les éloigner.

Ces deux grandes forces de la nature,
opérant sur tous les corps, se balancent
continuellement dans leur action ; et les
changemens qui surviennent dans leurs
proportions sont la cause principale de
presque tous les phénomènes dont s'occupe
le chimiste.

Il nous importe donc d'avoir une idée

bien exacte de l'action du calorique sur
les corps; et je vais tâcher de rappeler ce
qu'il y a d'essentiel à connoître sur cet
agent.

1°. Lorsqu'on met en contact deux
corps de même nature, qui sont à différens degrés de chaleur, il s'établit plus
ou moins rapidement une température
moyenne.

De l'eau, à la température de zéro,
mais encore liquide, mêlée avec un poids
égal d'eau à 60 degrés, forme un mélange
dont la température est à 30 degrés.

2°. Le partage de température ne se fait
pas d'après la même loi, lorsque les corps
sont d'une nature ou d'une constitution
différentes.

Un métal plongé dans l'eau dont la
température est plus élevée, y prend plus
de degrés de chaleur que le liquide n'en
perd : l'accroissement varie selon chaque
espèce de métal.

Il suit de ce fait, qu'à poids égal, la
même dose de calorique doit élever la

température des métaux à un plus haut
degré que celle de l'eau.

On peut encore conclure de ce qui pré-
cède, que les corps de diverse nature prennent des températures différentes par l'ac-
quisition d'une même quantité de calorique.

Supposons, pour un moment, qu'un
corps dont la température est égale à zéro,
soit plongé dans un égal poids d'eau, à la
température de 50 degrés, et que la température du mélange marque 30, il est
évident que l'eau n'ayant perdu que 20
degrés pour porter le second corps à la
température de 30, ce dernier a besoin
de moins de calorique que le premier pour
arriver à la même température, et que,
par conséquent, son *calorique spécifique*
est à celui de l'eau comme 20 est à 30.

3°. Lorsque les corps changent de constitution par leur mélange, il se produit
alors d'autres phénomènes : de l'eau à
60 degrés et de l'eau à l'état de glace,
mêlées ensemble à poids égal, donnent un

liquide qui marque zéro ; l'eau liquide perd donc 60 degrés de chaleur que l'eau solide absorbe en passant à l'état liquide. On voit par là pourquoi le thermomètre environné de glace pilée, et plongé dans un liquide dont la température est au-dessus de la glace, reste constamment à zéro, tant qu'il y a de la glace à fondre.

La liquéfaction n'est pas la seule circonstance où le calorique se combine et s'absorbe sans produire de la chaleur : un thermomètre plongé dans l'eau qu'on chauffe, monte de degré en degré jusqu'à l'ébullition. Là, il reste stationnaire, quoiqu'on élève la chaleur, pourvu que l'évaporation soit libre ; et il marque le même degré, tant qu'il y a de l'eau liquide : mais, dès que la totalité est convertie en vapeurs, le calorique exerce alors sur le thermomètre toute son action, et sa température s'élève.

Il suit de ces faits, que le calorique est absorbé, et qu'il ne produit aucun effet thermométrique, *toutes les fois qu'un corps passe de l'état solide à l'état liquide, ou de l'état liquide à l'état gazeux.*

Le *calorique* absorbé dans tous les cas, reparoît en *chaleur*, avec toute son action thermométrique, *toutes les fois que les corps repassent de l'état gazeux à l'état liquide, et de l'état liquide à l'état solide.* On peut même exprimer, pour ainsi dire, le calorique par la compression, le frottement ou la condensation.

Ces deux principes sur l'absorption ou le développement du calorique, sont très-féconds en conséquences, et donnent l'explication d'une foule de phénomènes que l'art et la nature nous offrent dans leurs opérations, tels que le refroidissement causé par l'évaporation, la chaleur produite par la combinaison des gaz, etc. etc.

4°. Tous les corps exposés à une même température, n'en sont pas affectés également.

Les substances animales et végétales ne prennent de la chaleur que jusqu'à l'inflammation ; les liquides , jusqu'à leur vaporisation ; les solides entrent en fusion ou s'évaporent à des degrés différens.

Dans le nombre des corps que nous venons de nommer , il en est qui s'imprègnent de la chaleur , sans la transmettre , jusqu'à ce qu'ils soient parvenus au *maximum* de leur saturation : ainsi les matières animales et végétales peuvent arriver au degré de la combustion , sans que les corps du voisinage ressentent l'impression d'une aussi forte chaleur : les métaux , au contraire , transmettent la chaleur presque dans le même degré qu'ils la reçoivent.

On a conclu de ces faits, que les corps sont *plus ou moins conducteurs de la chaleur;* et on a fait dans les arts de nombreuses applications de cette propriété.

Non-seulement les corps de nature différente ne sont pas également affectés par l'application de la même dose de chaleur , mais les corps de même nature en reçoivent une impression différente. Ingenhouz prit des baguettes de métal bien cylindriques et égales ; il les enduisit d'une couche de cire uniforme, et plongea ensuite l'extrémité de chacune dans l'huile presque bouillante : il observa que la cire se liquéfioit, à diverses hauteurs, sur les différentes baguettes ; et il a conclu de ses expériences, que la chaleur contractée par les métaux les présentoit dans l'ordre suivant : l'argent, le cuivre, l'or, l'étain, le fer, l'acier, le plomb.

5°. Le calorique dilate tous les corps, et il les dilate d'une manière inégale entr'eux.

En général, la même dose de calorique dilate plus les fluides élastiques que les liquides, et ceux-ci plus que les solides.

Les liquides diffèrent entr'eux par leur expansibilité, laquelle n'est point proportionnelle aux accroissemens de température, lorsqu'ils approchent de l'état de vapeurs.

Dans les expériences faites jusqu'ici sur la dilatation des corps solides par la chaleur, on ne trouve aucun rapport entre

les dilatations et la quantité de calorique
qu'ils peuvent absorber. La seule fusibilité des métaux paroît être en rapport
avec les dilatations : le platine, le moins
fusible des métaux, se dilate le moins ; le
plomb se dilate le plus ; le verre, le plus
fusible, est aussi le plus dilatable. On peut
donc poser en principe, avec M. Berthollet, que les corps sont d'autant plus dila-
tables, qu'il faut moins de calorique pour
changer leur constitution de solide en
liquide, et de liquide en gaz ou en vapeurs.

MM. Guyton et Prieur avoient conclu
d'une longue suite d'expériences, une
dilatation particulière à chaque gaz : mais
M. Gay-Lussac a prouvé que tous les gaz,
sans exception, jouissoient de la même
dilatabilité au même degré de température, et que la présence de l'eau dans les
gaz avoit produit les erreurs dans lesquelles sont tombés ceux qui l'ont de-
vancé. (Voyez *Ann. de Chimie*, therm.
an x.)

M. Gay-Lussac a conclu de ses expériences, faites sur des gaz ramenés au dernier
degré de siccité, que cent parties de chacun
des gaz permanens prenoient un accroissement de $\frac{1}{213}$ par chaque degré du thermomètre, depuis zéro jusqu'à 80.

Les vapeurs suivent les mêmes loix de
dilatation que les gaz, pourvu que la température soit assez élevée pour les maintenir à l'état élastique.

On peut donc poser en principe, que
les gaz et les vapeurs sont également dila-
tables et également compressibles.

6°. Lorsque le calorique s'échappe d'un
corps fortement chauffé sans entrer de
suite en combinaison, il conserve, pendant quelque temps, son état élastique,
et forme ce qu'on appelle *calorique rayonnant.*

Scheele avoit observé que les miroirs
métalliques réfléchissent le calorique
rayonnant sans contracter aucune chaleur, que l'air qu'il traverse n'en reçoit
aucune : mais que, peu à peu, le calo-

rique se combine, et, plus ou moins promptement, selon la nature ou la couleur des corps.

Les gaz donnent au calorique rayonnant un passage libre ; et, plus ils sont expansibles, plus ils possèdent cette propriété.

Les liquides l'absorbent promptement.

Les corps noirs le retiennent plus aisément que les autres.

7°. Non-seulement il y a dégagement ou absorption de calorique par les changemens de constitution qu'éprouvent les corps, mais les combinaisons et les décompositions produisent des effets semblables.

Dans toutes les opérations dont il s'agit, il se forme de nouveaux composés qui présentent une capacité pour le calorique qui leur est propre, et qui diffère nécessairement de celle des premiers composés dont ils émanent. Lorsque, par exemple, on combine une substance gazeuse avec un corps solide, cette première abandonne le calorique qui la tenoit en dissolution, et ne conserve que ce qui est nécessaire pour le nouveau composé.

Les opérations qui entraînent fixation du gaz sont toujours accompagnées d'une émission plus ou moins considérable de chaleur, selon la nature du nouveau corps qui se forme.

Le seul mélange de deux liquides donne lieu quelquefois à une *pénétration* qui peut équivaloir à une sorte de combinaison et qui emmène un changement de température, sans altération dans la nature des principes. Ainsi, de l'eau mêlée avec de l'acide sulfurique concentré, produit beaucoup de chaleur, et le mélange occupe moins de volume que celui des deux liquides estimé séparément.

Si nous parcourions la longue série de faits qui ont pour résultat des combinaisons ou des décompositions, nous nous convaincrions que par-tout il y a production ou diminution de chaleur.

SECTION IV.

Des modifications apportées à l'action chimique par le Lumique (1).

OUTRE le calorique dont nous avons déjà parlé, il existe un autre fluide qui remplit l'intervalle qui sépare les corps, transmet à nos yeux l'image de ce qui nous entoure, et agit puissamment sur tous les phénomènes chimiques.

_____

(1) J'appelle *lumique*, le fluide qui, mis en mouvement, donne la lumière, comme on nomme *calorique*, le fluide de la chaleur.

On m'objectera sans doute qu'il n'est pas plus prouvé que la lumière soit l'effet d'un fluide, que la chaleur n'en est le résultat ; j'en conviens : mais, comme nous ne faisons qu'observer les phénomènes, et que cette supposition n'influe en rien, ni sur l'observation, ni sur les résultats, elle doit paroître indifférente. Je ne l'adopte que parce que, par cette supposition, j'en conçois plus aisément les effets qu'on attribue à la chaleur et à la lumière, et que d'ailleurs toutes les propriétés de ces grands agens se rapportent à celles que nous attribuons aux fluides : ils se combinent, se déplacent, selon des loix constantes ; que faut-il de plus pour les classer parmi les corps ?

I. 3

Ce fluide émane-t-il directement du soleil? ou bien, répandu par-tout, est-il mis en mouvement par la rotation du soleil autour de son axe, et par le choc ou l'action brusque des corps les uns sur les autres? Quoi qu'il en soit de ces systêmes, l'impression des objets transmise par ce fluide est si prompte, si rapide, qu'une seconde suffit pour faire appercevoir un objet placé à quatre-vingt mille lieues de l'œil de l'observateur.

L'élasticité de ce fluide est extrême; et néanmoins il obéit à la loi de l'attraction, puisque, si on présente une lame d'acier à un rayon de lumière, le rayon se détourne de la ligne droite et s'incline vers le corps.

De tout temps, on a reconnu l'influence de la lumière sur les corps : on sait qu'une plante s'étiole dans l'obscurité; que tous les végétaux élevés dans un endroit sombre cherchent la lumière et s'inclinent vers les ouvertures par où elle parvient; que la seule partie bien colorée des fruits est celle qui est frappée par la lumière; qu'en un mot l'odeur, le goût, la combustibilité, la couleur, la maturité, les huiles volatiles sont tout autant de produits que la lumière modifie d'une manière particulière. « Sans la lumière (a dit Lavoisier, *Traité élémentaire de Chimie*, p. 202) » la nature étoit sans vie, » elle étoit morte et inanimée. Un Dieu » bienfaisant, en apportant la lumière, a » répandu sur la surface de la terre l'orga- » nisation, le sentiment et la pensée ».

En examinant la lumière sous des rapports moins généraux, et considérant son influence sur l'action chimique, nous verrons qu'elle détermine plusieurs combinaisons, qu'elle produit des décompositions, et que, dans beaucoup de cas, elle est ou dégagée ou absorbée, selon des affinités constantes.

Lorsque les corps changent de dimensions, ils prennent ou ils abandonnent du calorique : si ces changemens se font avec rapidité, ils sont accompagnés de chaleur et de lumière : le fer devient chaud et lumineux par une percussion vive ; le muriate oxigéné de potasse détonne avec le soufre et les autres corps facilement combustibles par le moyen d'une simple percussion, et il s'en dégage beaucoup de lumière ; deux cailloux frappés l'un par l'autre laissent jaillir de la lumière ; le frottement exercé sur beaucoup de corps commence par donner de la chaleur, et ensuite de la lumière.

On peut poser en principe que, dans toutes les opérations qui produisent de la chaleur, on peut obtenir de la lumière en les accélérant. Il est même probable, que, dans tous les cas où il y a dégagement de chaleur, il y a production de lumière, avec la seule différence qu'elle est visible pour nous lorsque le dégagement est instantané, et qu'elle ne l'est pas lorsque la production est lente : en ce cas, il en est de la lumière comme du calorique, qui, dans l'oxidation rapide des métaux et la

combustion prompte du phosphore, détermine une chaleur extrême; tandis que
cette chaleur est insensible sur nos organes,
lorsque l'oxidation et la combustion se
font très-lentement : on ne peut pas nier
qu'il n'y ait production de chaleur dans
l'un et l'autre cas : mais, dans l'un, l'émission est instantanée ; dans l'autre, au contraire, la somme de chaleur est répartie
entre tous les instans d'un intervalle très-
long, de sorte que son effet n'est jamais
sensible.

Le lumique n'est pas toujours dans une
combinaison exacte dans les corps : il en
est qui paroissent lumineux par leur nature, tels que le phosphore ; il en est
d'autres qui le deviennent à certains pé-
riodes de leur décomposition, comme on
l'observe dans plusieurs bois et dans quelques poissons pourris.

Il est encore des corps dans lesquels la
combinaison du lumique est si foible,
qu'on peut le dégager par le plus léger
frottement : le diamant, les blendes, les

fluates et phosphates de chaux, la pierre de Boulogne, la peau de plusieurs animaux, peuvent servir à établir cette vérité.

Sans doute tous les corps sont très-propres à absorber le lumique ; mais tous n'en prennent pas une quantité égale, et tous ne forment pas avec lui une combinaison également solide. Il en est même qui, saturés de lumière aux rayons du soleil, conservent, pendant quelque temps, la propriété de luire dans l'obscurité, et la perdent insensiblement.

Il paroît que tous les corps, sans exception, deviennent rouges ou lumineux lorsqu'on les sature de lumique : le métal, le charbon, les terres, les liquides même auxquels on applique une chaleur supérieure à celle qui est nécessaire pour la fusion des uns, la combustion ou la volatilisation des autres, présentent tous la couleur rouge. Il paroît que dans ce cas, le calorique et le lumique, ne pouvant plus se combiner avec les corps qui en sont saturés, deviennent libres ou *rayon-nans*.

Il paroît, d'après tous les faits, que l'existence du lumique est inséparable de celle du calorique : car l'action du calorique produit constamment de la lumière : et, lorsque la lumière est recueillie elle-même dans le foyer des lentilles, ou réfléchie dans celui des miroirs concaves, elle produit tous les effets du calorique accumulé. Nous pouvons ajouter que ceux, parmi les corps colorés, qui absorbent mieux le lumique, sont aussi les plus chauds ; et que, dans un cas donné, la chaleur est d'autant plus forte, que la lumière est plus vive. Scheele avoit observé que si on expose au soleil deux thermomètres égaux, dont l'un est rempli d'alcool coloré et l'autre d'alcool non coloré, la liqueur non colorée s'élève plus lentement ; mais que si on met les deux thermomètres dans l'eau chaude ou à l'obscurité, les deux liqueurs marchent ensemble.

Le calorique et le lumique concourent

constamment à produire les mêmes effets;
ils se confondent dans beaucoup de phénomènes, et paroissent identiques. Mais
ils diffèrent, en ce que le calorique paroît
plus facile à être absorbé que le lumique :
par exemple, les verres et les liquides
transparens ne donnent pas passage au
calorique rayonnant; tandis qu'ils laissent
passer le lumique. Il paroît donc que le
calorique possède moins les qualités d'une
éminente élasticité; il est même probable
qu'il est doué d'une moindre vélocité.

Il y a même quelques effets chimiques
dans lesquels la chaleur et la lumière
paroissent se comporter différemment :
par exemple, la lumière dégage du gaz
oxigène de l'acide nitrique, tandis que la
chaleur en dégage du gaz nitreux. L'acide
muriatique oxigéné cède son oxigène à la
lumière, tandis qu'on peut le distiller par
la chaleur, sans décomposition. M. Berthollet, qui incline à regarder le calorique
et le lumique comme une seule et même
substance qui ne diffère que par l'état où

elle se trouve, rapproche tous les faits qui paroissent établir une différence de nature entre ces deux fluides, pour en ramener tous les résultats à conclure qu'il n'y a de différence que dans l'énergie d'action. Nous allons rapprocher quelques phénomènes pour porter quelque lumière sur ce point de doctrine.

M. de Rumford a imprégné de la soie blanche, de la toile de lin et de coton, de la magnésie blanche, avec une dissolution d'or : ces matières, exposées au soleil ou à la chaleur d'une bougie, ont pris une belle couleur pourpre; dans l'obscurité, elles n'ont subi aucun changement.

Scheele avoit observé que le muriate d'argent, recouvert d'eau et exposé au soleil, abandonnoit de l'acide muriatique. M. Berthollet a vu que les bulles qui s'exha-loient n'étoient que l'air adhérent au mu-riate, et que l'eau devenoit acide : il a exposé à la chaleur, dans une petite cor-nue, le muriate noirci par la lumière; il s'est fondu, et il s'est dégagé de l'acide muriatique. La lumière et la chaleur produisent donc le même effet sur le muriate d'argent.

M. de Rumford a exposé à la lumière du soleil un flacon qui renfermoit des morceaux de charbon et une dissolution d'or : bientôt l'or a été réduit ; la dissolution d'argent a éprouvé une réduction semblable. Le même effet est produit lorsqu'on met les dissolutions dans des cylindres de ferblanc, qu'on expose à la chaleur de l'eau bouillante.

M. Berthollet a répété l'expérience pour connoître la nature des gaz qui se dégagent, et il a obtenu un mélange de gaz nitreux et d'acide carbonique. Il a également exposé à l'action de la lumière, et à celle de l'eau bouillante, de l'acide nitrique, dans lequel il a mis des charbons ; il s'est dégagé, dans l'un et l'autre cas, du gaz nitreux et de l'acide carbonique.

Les dissolutions d'or et d'argent, mêlées avec l'huile de térébenthine et l'huile d'olive, se réduisent également à l'action de la lumière et à celle de la chaleur. Dans ce cas, les huiles noircissent, parce qu'elles perdent de leur hydrogène.

Dans les faits qui précèdent, les effets du calorique et du lumique sont les mêmes : il n'y a de différence que dans l'intensité de l'un et de l'autre.

M. Berthollet cherche encore à concilier avec le même principe le dégagement du gaz oxigène de l'acide muriatique oxigéné et de l'acide nitrique, lequel a lieu à la lumière, et non à la chaleur : il attribue cette différence à ce que, lorsque les acides sont engagés dans une base, ils peuvent supporter un grand degré de chaleur, et donner alors du gaz oxigène ; ce qu'ils ne font pas dans leur état d'acide : d'où il conclut que la différence d'action, dans ce cas, est encore due à l'intensité d'action, et ne suppose pas d'autre différence. Ici, le lumique ne se combine qu'avec l'oxigène, tandis que le calorique agit sur tous les principes, et tend à les volatiliser, sans qu'ils opposent une plus grande résistance l'un que l'autre à son action.

SECTION V.

Des modifications apportées à l'action chimique par la pression de l'Atmosphère.

L'ATMOSPHÈRE pèse sur tous les corps; et, comme cette force est constante, on peut la considérer comme une cause qui concourt à donner à chaque corps la constitution qui lui est propre, et qui modifie, à chaque instant, l'effort de l'élasticité et l'action du calorique.

La force de pression qu'exerce l'atmosphère, égale le poids d'une colonne de mercure de vingt-huit pouces (0,758 met.), ou d'une colonne d'eau de trente-deux pieds (10,596 met.); car c'est à cette hauteur qu'elle peut porter ces deux liquides, et les y maintenir en équilibre.

En examinant les effets de la compres-

sion de l'atmosphère, Lavoisier remarque
que sans elle les molécules des liquides
s'éloigneroient indéfiniment sans que rien
diminuât leur écartement, si ce n'est leur
propre pesanteur qui les rassembleroit
pour former une atmosphère.

M. Dalton conteste cette assertion, que
la pression de l'atmosphère maintient
l'eau à l'état liquide : il observe que si l'on
supprimoit de suite le poids de l'atmosphère, la portion aqueuse qui y existe
ne s'augmenteroit pas de beaucoup, parce
que, dit-il, elle y est à-peu-près au *maximum de ce que peut produire et entretenir
la température : seulement la suppression
de l'obstacle accéléroit l'évaporation sans
en augmenter bien sensiblement la quantité absolue.* M. Dalton paroît confondre la
quantité d'eau soluble dans l'atmosphère
avec celle qui, réduite en vapeur, forme-
roit à elle seule une atmosphère.

Et lorsque nous voyons que, par une
foible diminution dans la pression de
l'atmosphère, opérée, soit à l'aide de la

machine pneumatique, soit en s'élevant
sur les plus hauts sommets du globe,
nous vaporisons l'éther et l'alcool, et faci-
litons l'ébullition de tous les liquides, etc.
on ne peut pas disconvenir que, si l'atmosphère ne pesoit plus sur ce globe, elle
ne fût remplacée par la vaporisation de
presque tous les liquides que nous connoissons.

La pression qu'exerce l'air atmosphérique, en rapprochant les molécules des
corps, en augmente l'affinité. M. Biot a
prouvé qu'on pouvoit former de l'eau en
soumettant à une forte pression un mélange de gaz hydrogène et de gaz oxigène,
dans des proportions convenables.

SECTION VI.

Des modifications apportées à l'action chimique par la Vitalité.

Sans doute les loix de la nature sont
constantes et immuables; et c'est à ce

caractère qui leur est propre, que nous
devons cette uniformité d'action et cette
succession de phénomènes qui renou-
vellent et perpétuent ce qui existe, sans
aucun changement, dans la nature des
corps.

Mais lorsque plusieurs loix s'appliquent
et s'exercent sur la même substance, et
concourent à la même action, l'effet
qui n'appartient exclusivement à aucune
d'elles, doit être considéré comme le résultat d'un effort commun, dans lequel
chacune des loix agissantes a une part
plus ou moins influente. C'est dans ce
mélange de forces, c'est dans ce résultat
d'action, qu'il faut démêler ce qui appartient à chacune des loix agissantes : le pro-
blême devient d'autant plus difficile à
résoudre, qu'il se complique de l'action
d'un plus grand nombre de ces loix.

Supposons, pour un moment, que les
germes de vie cessent d'agir dans la nature, notre planète ne présentera plus
que des masses de matière soumises aux

loix invariables de la pesanteur et des affinités : ces loix détermineront l'arrangement des masses et la disposition des molécules entr'elles.

Mais, si nous portons nos regards sur cette scène d'action, de réaction, de composition et de décomposition que nous présentent les êtres organisés, soit végétaux, soit animaux; nous verrons de nouveaux agens concourir à produire le même effet et modifier à l'infini, l'action des deux loix primordiales dont nous venons de parler.

Chaque corps vivant obéit à des loix vitales de sensibilité, d'irritabilité, etc. qui règlent ses fonctions et constituent ce qu'on appelle en lui LA VIE : mais ces loix ne sont point au même nombre et ne présentent pas la même intensité ou la même énergie dans les diverses classes des êtres organisés : plus les loix vitales sont nombreuses et intenses, plus les phénomènes s'éloignent des résultats rigoureux que les affinités nous offrent lors-

qu'elles s'appliquent sur la matière inanimée.

Tous les corps, sans exception, ont des
affinités propres, en vertu desquelles ils
font choix de certaines substances, et repoussent les autres; mais les résultats des
combinaisons ne sont pas les mêmes dans
tous : lorsqu'une terre ou un métal se
combine avec d'autres corps, il change
de nature, c'est-à-dire que le nouveau
composé n'a plus les caractères des élémens qui le constituent; ce sont de nouveaux êtres dont la nature peut changer
encore à chaque instant par l'application
et la combinaison de nouvelles substances.
Les corps organiques, au contraire, ont la
faculté de s'approprier et de s'assimiler
les alimens, sans changer de nature : ils
impriment leur caractère propre à la substance qui leur sert de nourriture, et
gardent, sans altération, leur type primitif.

Ainsi, dans les corps organiques et
vivans, il y a choix de matière et assi-

I.   4

milation : ils conservent constamment leur forme, leur caractère et leur nature primitive; tandis que dans les corps inorganiques, il y a composition et formation d'un corps nouveau, dont la forme et les propriétés ne sauroient être déduites, ni de la forme, ni des propriétés des substances qui se combinent.

Si nous suivions de plus près les phénomènes et les résultats de cette assimilation dans les corps organiques, nous verrions que les divers degrés d'intensité dans les forces vitales y déterminent des modifications infinies : plus les forces vitales sont intenses ou énergiques, moindre est l'empire des agens externes sur les fonctions de la vie : par exemple, dans le végétal, les principaux organes sont cachés sous l'épiderme ; ils reçoivent, dans cette position, l'action immédiate de la chaleur, de l'air et de l'eau, de même que l'influence des forces intérieures de la vitalité. Ces organes existent, pour ainsi dire, entre les facultés organiques de la plante et l'ac-

tion très-puissante des causes externes :
cette fonction dépend donc essentiellement de l'influence combinée de l'action
vitale, et de l'action de l'air, de l'eau, de
la chaleur et de la lumière. La plante ne
digère ni dans une température très-froide,
ni dans une température très-chaude ; elle
languit dans l'obscurité, et se flétrit par
une lumière trop vive. Cependant elle ne
reçoit pas, d'une manière absolue, l'influence ou l'effet nécessaire de ces agens :
elle a une température qui lui est propre ;
elle décompose l'eau qui la mouille ; elle
conserve et perpétue son espèce, et périt
plutôt que de faire choix et de s'assimiler
des substances délétères.

Mais combien cette vitalité a plus d'énergie dans les animaux ! La nature a caché
leurs principaux organes dans le centre
même du corps, pour en soustraire le
travail à l'action des causes externes : ici,
tout est vital, et les variations de température, l'air et l'eau, n'ont presque aucune
influence sur les résultats.

Dans les corps inorganiques, il n'y a donc que matière et affinité : tous les changemens qui s'opèrent en eux, viennent du dehors ; l'air, l'eau, la chaleur, y produisent des effets nécessaires, constans, invariables.

Dans les corps organiques, outre la matière et l'affinité, il y a des loix vitales qui modifient sans cesse l'action des agens externes et celle de l'affinité.

Il suffit de jeter un coup-d'œil sur l'effet que produisent l'air, l'eau et la chaleur, lorsqu'ils agissent ou sur un corps vivant, ou sur le même corps mort, pour sentir tout le pouvoir de la vitalité : nous verrons que l'air et l'eau servent à la respiration et à la nourriture de l'être vivant, par la décomposition qu'ils éprouvent dans ses organes, en même temps que la chaleur en anime et vivifie tous les ressorts ; mais ces mêmes corps deviennent, à la mort de l'être organique, les premiers agens de sa décomposition, puisque, pour le conserver sans altération, il faut le soustraire à leur action. La racine d'une plante vivante, plongée dans l'eau, décompose ce liquide, et s'en nourrit ; tandis que la même racine morte, mise dans l'eau, y est décomposée à son tour.

Il ne faut pas d'autres preuves, je pense, pour se convaincre de cette grande vérité, que les phénomènes et les résultats provenant de l'action de l'air, de l'eau, du calorique, sur les corps organisés, diffèrent essentiellement, selon que ces corps sont ou vivans ou morts.

On peut donc conclure que la vitalité modifie la loi des affinités dans le corps vivant ; ou plutôt que l'action de la vitalité coïncide avec celle de l'affinité pour produire des effets qui leur sont communs.

Il suit de ce principe incontestable, que la vitalité rend l'application des loix chimiques, déduites de l'affinité des corps morts, d'autant plus difficile, que le corps vivant est doué de facultés vitales plus nombreuses ou plus énergiques.

En descendant de l'être le mieux orga-
nisé jusqu'à la matière inanimée, on voit
successivement diminuer l'influence de la
vitalité, et le pouvoir de l'affinité chimique reprendre par degrés son empire.

Gardons-nous cependant de conclure
que la loi des affinités entre les molécules
de la matière animée, est différente de la
loi d'affinité entre les molécules de la
matière morte : la loi est la même dans
les deux cas, et l'affinité est une pour
tous les corps : mais elle produit des effets
constans et invariables, lorsqu'elle est
seule à agir sur la matière morte, tandis
que, dans les corps vivans, son action est
modifiée par celle des loix vitales.

Non-seulement les loix de la vitalité
modifient les résultats de la loi des affinités d'une manière particulière et différente dans chaque classe d'êtres vivans;
mais elles en varient encore les effets dans
les individus de la même espèce, et souvent dans le même individu, selon ses
affections, les maladies, les dispositions et

autres causes nombreuses qui se présentent. Il ne faut donc pas être surpris, si on trouve une si grande variété dans les résultats des expériences faites sur des corps vivans par des hommes également dignes de foi, et si les travaux faits sur la végétation offrent des phénomènes si différens.

La chimie des corps vivans exige donc une étude toute particulière ; et la chimie seule ne peut en expliquer aucune fonction. Nous connoissons, sans doute, les effets de l'air, de l'eau, de la chaleur sur la matière inanimée : mais il n'appartient qu'à l'observation des phénomènes des corps vivans, de nous faire connoître les modifications qu'apporte la vitalité à tous ces résultats.

On tomberoit donc dans une étrange erreur, si l'on croyoit qu'on puisse appliquer et transporter aux corps vivans les résultats d'action qu'on observe sur les corps morts. La chimie animale a ses loix propres, et elle nous présente des résultats qu'on ne peut ni prévoir, ni expli-

quer, d'après les loix d'affinité qu'on étudie sur la matière inanimée. Cette vérité
a été si bien sentie par Stahl et Boerhaave,
qui, à des vues profondes sur la chimie,
joignoient des connoissances très-étendues
sur l'économie animale, qu'ils se sont
abstenus de toute application chimique
aux phénomènes du corps humain, et
que le premier a fondé la secte des Ani-
mistes, et le second celle des Mécaniciens.

Je suis cependant bien éloigné de penser que les connoissances chimiques soient
ou inutiles ou étrangères à l'étude des
phénomènes que présente le corps vivant:
la chimie nous apprend à connoître la
nature et les propriétés de tous les corps
qui agissent sur l'économie animale; elle
nous indique les altérations qu'ils éprouvent dans leur action ; elle nous donne
même les moyens de reconnoître et d'apprécier plusieurs des changemens qui
s'opèrent sur le corps vivant : c'est ainsi,
par exemple, qu'en analysant l'air avant
et après la respiration, on s'est convaincu

qu'il y avoit absorption d'une portion de
ce fluide; d'où l'on a conclu une production constante de chaleur dans le pou-
mon : ces faits chimiques, qui sont con-
firmés par l'observation physiologique,
établissent cette vérité d'une manière
incontestable. Mais tout ce qui tient essentiellement à la vitalité, tout ce qui comprend les fonctions qui dépendent plus
particulièrement de la vie, telles que la
chilification, la sanguification, la sécré-
tion des humeurs, la nutrition, la diges-
tion, le choix des alimens, l'effet des
remèdes, le jeu des organes, ne sauroit être expliqué ni éclairé par la seule
chimie.

Il faut donc conclure de tout ce que
nous venons de dire, que, pour arriver
à une connoissance exacte des fonctions
de l'économie animale, il faut réunir
l'analyse du chimiste à l'observation du
physiologiste : le premier fait connoître
les matériaux sur lesquels s'exerce l'action
vitale; il en détermine la nature primi-

tive et en marque les altérations; il com-
plette, pour ainsi dire, le travail de l'ana-
tomiste, en analysant les organes et les
humeurs que celui-ci n'avoit fait que
séparer et décrire : mais là finissent ses
fonctions, là se borne son pouvoir : car
nous n'avons opéré jusqu'ici que sur la
matière brute ; l'analyse et la dissection
ne se sont exercées que sur un cadavre;
et il nous reste à poursuivre l'étude des
phénomènes qui constituent la vie dans
les corps organiques : or, ici, la seule observation doit nous servir de guide, parce
que nous ne pouvons soumettre ni à l'analyse chimique, ni aux opérations du scal-
pel, le principe qui anime tous ces ressorts. Cette étude est d'autant plus difficile, que, si nous tourmentons le corps
vivant par des moyens quelconques, nous
le sortons de son état naturel ; et que, dans
cet état, il ne nous présente plus que des
altérations. Cette étude est d'autant plus
difficile, que le principe de vie agit dans
chaque fonction d'après des loix qui se

compliquent par le nombre et qui varient
même en intensité, selon les circonstances,
dans le même individu.

On peut donc regarder la chimie, appliquée aux corps vivans, comme une
science qui fournit de nouveaux moyens
d'observation, et nous permet de constater les résultats de la vitalité par l'analyse de ses produits. Mais gardons-nous
de nous immiscer dans le travail de la
vitalité : l'affinité chimique s'y confond
avec des loix vitales qui méconnoissent
le pouvoir de l'art; et n'oublions pas sur-
tout que la part qui est réservée à l'affinité chimique, dans tous les phénomènes
de la vie, est d'autant plus bornée, qu'ils
appartiennent à des corps mieux organisés.

CHAPITRE II.

Des moyens que le chimiste emploie pour préparer les molécules des corps à l'action chimique.

Après avoir fait connoître les loix qui président à l'action chimique, et les modifications qu'elles reçoivent de quelques qualités inhérentes à la matière, ou d'un fluide généralement répandu dans la nature, il nous reste à indiquer les moyens que le chimiste emploie dans ses diverses opérations pour disposer les corps à des combinaisons ou à des décompositions.

Tous ces moyens préparatoires ou prédisposans se bornent à affoiblir la force de cohésion qui lie entr'elles les parties des corps, et s'oppose à leur désunion.

Or, les moyens par lesquels on parvient à diminuer cette force, se réduisent à trois :

1°. Les opérations mécaniques.

2°. La solution et cristallisation.

3°. L'application de la chaleur.

SECTION PREMIÈRE.

Des opérations mécaniques que le chimiste emploie pour préparer les molécules des corps à l'action chimique.

Lorsqu'on veut opérer sur un corps solide, on commence par le réduire en une infinité de corps plus petits, et cette division s'opère par le marteau, la râpe, la presse, le ciseau, le pilon.

On emploie l'un ou l'autre de ces agens selon la nature du corps qu'on soumet à l'analyse.

On se sert du marteau pour briser des pierres; de la râpe, pour diviser et déchirer des racines, des fruits, ou des écorces fraîches; du couteau et du ciseau, pour couper, par tranches, des substances animales et des matières végétales; de la presse, pour exprimer les sucs des vé-

gétaux, ou les fluides des parties animales.

Dans un laboratoire, on fait un plus
grand usage du pilon et du mortier,
parce qu'outre l'avantage d'offrir le moyen
de triturer et de broyer convenablement
des matières dures, la forme du vase
s'oppose à toute déperdition de matière.

La nature des substances qu'on est dans
le cas de broyer pour en préparer l'analyse, oblige le chimiste à fournir son laboratoire de mortiers et de pilons de différente qualité.

Il doit avoir des mortiers de verre pour
toutes les substances corrosives qui, d'ailleurs, ne présentent pas une grande dureté ; des mortiers de pierre, en marbre,
agathe et porphyre, pour la trituration
des corps solides, ou pour y piler des
herbes, ramollir des bois, broyer des
fruits et les préparer à recevoir l'action
de la presse ; des mortiers de bronze, de
fer ou de laiton pour toutes les opérations qu'on exécute sur les corps qui

offrent de la résistance à l'action du pilon.
La nature des corps doit décider du choix
qu'on doit faire de tel ou tel mortier ; et ,
à ce sujet, on doit consulter leur dureté
et leur action, pour que le mortier résiste , et ne mêle pas quelqu'un de ses
principes à ceux de la substance qu'on
veut analyser.

Il paroît inutile d'observer que, pour
que la matière soit convenablement soumise à l'effort du pilon, il faut que le
fond du mortier présente une forme concave qui soit telle que la forme convexe du pilon la touche dans tous ses
points.

Le chimiste qui se borneroit à triturer
par la chute égale et perpendiculaire du
pilon , obtiendroit une division très-im-
parfaite et fort inégale : une partie de la
matière échapperoit nécessairement à la
pulvérisation ; tandis qu'en roulant et
tournant la tête du pilon sur la matière ,
on la presse fortement contre les parois ,
et l'on ramène successivement sous l'ac-

tion du pilon toutes les parcelles qui auroient pu se soustraire à son choc.

Il arrive souvent que le mouvement rapide du pilon fait échapper en fumée une partie de la matière qu'on traite : pour prévenir cet accident, qui très-souvent produit des exhalaisons dangereuses à respirer, et qui, dans tous les cas, entraîne une perte sensible de matière, on a soin de couvrir le mortier avec un linge dans le milieu duquel on pratique un trou pour faire passer le pilon : on évite, par ce moyen, toute évaporation ; mais, lorsqu'on peut, sans inconvénient, humecter la matière, on prévient également l'évaporation.

Il est des corps dont le broiement seroit très-pénible, si on n'avoit pas la précaution de le faciliter par quelques préparations préliminaires : par exemple, on chauffe au rouge presque toutes les pierres qu'on veut triturer ; et, en cet état, on les jette dans l'eau pour les refroidir : elles acquièrent, par ce moyen, une fragilité extrême, et on peut les briser ensuite avec facilité.

Il est des métaux, tel que le zinc, qui cèdent sous le marteau sans se briser; mais, si on chauffe le zinc, alors il s'égraine par le plus petit choc.

Lorsque, par la trituration, on a porté la matière à un certain degré de division, on sépare par le tamis tout ce qui est suffisamment broyé, et l'on remet sous le pilon ce qui demande un nouveau degré de pulvérisation.

A l'aide du tamisage, on accélère l'opération, attendu que les parcelles non broyées n'échappoient à l'action du pilon qu'à la faveur de la poussière fine qui les enveloppoit.

Comme le tamisage donne lieu à la volatilisation d'une partie très-subtile de la matière dont la respiration peut être nuisible, on obvie à cet inconvénient en employant des tamis composés de trois pièces; savoir, d'un tamis, d'un couvercle et d'un fond : dans ce cas, on met la

matière dans le tamis, on y adapte le
fond et le couvercle, et l'on procède à
l'opération : la poussière qui passe à travers le tamis est reçue dans le fond, d'où
on la retire lorsque l'opération est faite.

En adaptant ensemble plusieurs tamis
dont les trous présentent divers calibres;
et en les plaçant les uns sur les autres, de
manière que celui dont les trous sont les
plus gros soit au-dessus, et celui dont
les trous sont les plus petits soit au-dessous;
on peut obtenir, de la même opération,
plusieurs produits de diverse grosseur:
c'est ainsi qu'on sépare les divers numéros
de plomb destiné pour la chasse.

On peut suppléer au tamisage par le
moyen de l'eau : il suffit d'agiter dans ce
liquide les matières broyées; elles s'établissent sur-le-champ à diverses hauteurs,
selon leur division, parce que les plus
grosses se précipitent les premières. On
emploie ce procédé dans les arts, pour
obtenir, à divers degrés de finesse, certaines préparations. Comme on les broie

assez généralement à l'aide de meules qui
se meuvent dans des cuviers pleins d'eau,
le mouvement de la meule chasse les molécules, dont les plus légères gagnent le
haut des cuviers, tandis que les plus gros-
sières restent sous la meule. En ouvrant
successivement des robinets à diverses
hauteurs, et faisant couler le liquide qui
est au-dessus, on obtient tous les degrés
de finesse qu'on peut desirer.

Dans quelques autres opérations des
arts, on fait passer un courant d'eau sur
la matière soumise à l'action du pilon:
cette eau entraîne successivement tout ce
qui est assez divisé pour être transporté:
elle se rend dans une suite de réservoirs,
où elle dépose plus ou moins promptement ce qu'elle a entraîné; de sorte que
les premiers réservoirs retiennent la matière la plus grosse, comme plus pesante,
et les derniers ne reçoivent que la plus
fine et la plus subtile.

Le lavage s'emploie, non-seulement
pour séparer des matières homogènes qui

ne diffèrent que par leur degré de division ; mais il fournit encore le moyen de
séparer des matières de même degré de
finesse et de pesanteur spécifique différente : c'est sur-tout dans les travaux des
mines qu'on fait usage de ces moyens pour
séparer le minerai ou les métaux des pierres
qui leur sont unies.

La Porphyrisation n'est qu'une trituration plus exacte : elle s'exécute, sur une
pierre plate de porphyre, ou sur toute
autre pierre très-dure et d'une surface
très-lisse, à l'aide d'une pierre de même
degré de dureté, qu'on appelle *molette* :
on étend la matière sur la table de porphyre ; on prend la molette avec les deux
mains, et on la promène circulairement
et en divers sens pour écraser la matière.
La partie de la molette qui porte sur le
porphyre ne doit pas être parfaitement
plane : sa surface doit être une portion de
sphère d'un très-grand rayon ; sans cela,
la matière seroit chassée devant la molette, et ne s'engageroit point sous elle

pour être broyée. Lorsque la matière est trop étendue sur la surface du porphyre, on la ramène au centre avec un couteau, à lame très-mince, de fer, de corne ou d'ivoire.

Avant d'opérer chimiquement sur un corps, on commence par en déterminer le poids; et les moyens qu'on emploie rentrent dans la série des opérations préparatoires à l'action chimique.

Toutes les fois qu'on veut déterminer la quantité de matière que contient un corps, on le met en équilibre avec d'autres corps dont le poids est connu, et qu'on prend pour terme de comparaison.

L'instrument dont on se sert le plus communément, est un levier de fer suspendu dans son milieu, de manière que les deux bras soient en équilibre, et qu'ils jouissent d'un mouvement d'ascension et d'abaissement libre, et le plus exempt de frottement qu'il est possible. Ce sont ces instrumens qu'on appelle *balances*.

Mais, dans les diverses circonstances

où l'on est dans le cas de déterminer le
poids des corps, il se présente deux objets:
le premier, de déterminer le poids d'une
masse ; le second, de comparer le poids
respectif d'un volume donné de cette
masse avec un pareil volume d'autres
corps connus : dans le premier cas, c'est
le *poids absolu* ; dans le second, c'est la
pesanteur spécifique qu'on cherche.

Lorsqu'on veut déterminer le poids
absolu : ou il s'agit de peser de gros vo-
lumes, ou de petits objets ; et on se sert
de grosses ou de petites balances, selon
le cas.

Il faut qu'un laboratoire soit pourvu
de balances d'une précision extrême : car,
comme on n'y opère que sur de petites
masses, et que souvent on en extrait,
par l'analyse, des atomes dont il importe
toujours d'apprécier le poids, il faut être
pourvu d'instrumens extrêmement sensibles pour les apprécier. D'ailleurs, c'est
presque toujours sur des résultats d'analyses qu'on se décide, ou à exploiter

une mine, ou à former d'autres entre-
prises considérables; et l'on sent de quelle
conséquence il est d'écarter toute cause
d'erreur.

Comme, dans les laboratoires, on est
souvent dans le cas de peser des sels, des
acides et autres matières corrosives, on
est forcé de les enfermer dans des vases
de verre; et alors il est indispensable de
peser séparément ou de *tarer* le vaisseau
qui les contient, pour déduire ce poids
du poids total, et avoir le poids du liquide. Cette double opération entraîne
une grande perte de temps; et j'obvie
à cet inconvénient, en me servant de
deux capsules de verre de même poids,
mobiles et profondes, qui se placent dans
les deux bassins d'une balance, et qu'on
peut ôter à volonté.

Les balances doivent être placées dans
un lieu sec, très-éclairé, et qui soit à
l'abri des vapeurs corrosives du laboratoire. Sans cette précaution, elles s'oxi-
dent et se détériorent. On doit conserver

les plus sensibles dans des cages de verre, et ne les découvrir que pour le besoin.

S'il est question de peser des gaz, on sent déjà qu'il est nécessaire d'apporter des modifications dans les procédés que nous venons de décrire. Et, comme l'on est obligé d'enfermer dans des vases les liquides dont on veut prendre le poids, on est également forcé d'enfermer les substances aériformes : à cet effet, on a un grand ballon dont la capacité doit être au moins d'un demi-pied cube (17,13863 décim. cube), c'est-à-dire, de dix-sept à dix-huit pintes (neuf kilogrammes). On l'adapte sur la platine de la machine pneumatique, et on fait le vide du mieux qu'il est possible, ayant soin d'observer la hauteur à laquelle descend le baromètre d'épreuve. Le vide fait, on ferme le robinet adapté à l'armure du goulot, et on pèse le ballon avec la plus scrupuleuse exactitude. Après cela, on le visse sur une cloche qui contient le gaz qu'on veut peser, et qui repose sur la tablette de la cuve hydropneumatique : il suffit d'ouvrir le robinet pour déterminer l'ascension du gaz dans le récipient; il est nécessaire d'enfoncer la cloche dans la cuve, de manière que l'eau de l'extérieur soit de niveau avec celle qui est dans l'intérieur. Alors on ferme le robinet, on dévisse le ballon, et on le pèse de nouveau. Le poids, déduction faite de celui du ballon vidé, donne la pesanteur du volume de gaz qu'il contient. En multipliant le poids par 1728, et divisant le produit par un nombre de pouces cubes, égal à la capacité du ballon, on a le poids du pied cube du gaz mis en expérience ; on ramène le poids du pied cube à celui que doit avoir le même gaz sous une pression de 28 pouces de mercure, et à une température de 10 degrés du thermomètre, en employant le procédé détaillé par Lavoisier dans ses *Élémens de Chimie*.

Il ne faut pas non plus négliger de tenir compte de la petite portion d'air resté dans le ballon : on l'évalue d'après la

hauteur à laquelle s'est soutenu le baromètre d'épreuve. Si cette hauteur étoit,
par exemple, d'un centième de la hauteur totale du baromètre, il en faudroit
conclure qu'il est resté un centième d'air
dans le ballon, et le volume total du gaz
ne seroit plus que de $\frac{99}{00}$ du volume total
du ballon.

C'est d'après ces principes que Lavoisier a dressé la table suivante des pesanteurs des différens gaz, à 28 pouces de
pression, et à 10 degrés du thermomètre.

Noms des Gaz.	Poids du pouce cube.	Poids du pied cube.	Noms des Auteurs qui ont évalué les poids.
	grains.	onces. gros. grains.	
Air atmosphérique.	0,46005	1.3. 3,00	Lavoisier.
Gaz azote.	0,44444	1.2.48,00	Lavoisier.
— oxigène. . . .	0,50694	1.4..12,00	Lavoisier.
— hydrogène. . .	0,03539	0.0.61,15	Lavoisier
— acide carboniq.	0,68983	2.0.40,00	Lavoisier.
— nitreux.	0,54690	1.5. 9,14	Kirwan.
— ammoniaque...	0,27488	0.6.43,00	Kirwan.
— acide sulfureux.	1,03820	3.0.66,00	Kirwan.

On entend par *pesanteur spécifique*, le poids absolu des corps divisé par leur volume; ou, ce qui revient au même, le poids que pèse un volume déterminé d'un corps. Mais, pour avoir un terme de comparaison dont le poids soit invariable, et que, par conséquent, on puisse prendre pour l'unité à laquelle on rapporte, par comparaison, le poids de la substance qui est l'objet de l'expérience; on a choisi l'eau distillée comme le corps dont la pesanteur, sous le même volume, n'est pas sujette à des variations : ainsi, le poids de l'eau étant représenté par le nombre 1, le poids d'un égal volume d'or sera représenté par le nombre 19.

Tout consiste donc, dans l'aréométrie, à obtenir la pesanteur d'un corps, comparée à celle d'un volume semblable d'eau distillée. Les moyens varient selon la constitution des corps.

S'il s'agit de peser un solide insoluble dans l'eau, on le pèse dans l'air, ensuite dans l'eau. En déduisant du poids total

ce qu'il a perdu dans l'eau, on a sa pesanteur, comparée à celle d'un volume égal
d'eau. Ce procédé est fondé sur les deux
principes suivans :

1°. Qu'un corps plongé et submergé dans
un liquide, déplace un volume d'eau
égal au sien.

2°. Que le poids de l'eau déplacée est
égal à celui que perd le corps dans son
immersion.

Lorsque les solides sont plus légers que
l'eau, on emploie, pour les submerger,
un corps dont on connoît la pesanteur
dans l'eau, et qu'on déduit lorsqu'on
détermine par le calcul le poids comparé
du solide.

L'instrument le plus simple pour peser
les solides, est une balance à l'un des bras
de laquelle on suspend le corps par un fil
très-mince. On pèse le corps dans l'air,
on le pèse ensuite dans l'eau ; et on déduit,
par la différence, le poids du volume d'eau
déplacée égal à celui du corps.

Le pèse-solide de M. Nicolson est plus

portatif : il consiste en un cylindre de verre ou de métal à l'extrémité duquel est suspendu un *plateau pesant*. Un autre plateau est placé à sa partie supérieure, et porté sur une tige très-mince. On enfonce l'instrument, à l'aide de ce poids, jusqu'à une marque fixe sur la tige; on met le corps à peser sur le plateau supérieur, et on charge de poids jusqu'à enfoncer jusqu'à la marque; on compare ces poids avec ceux qui sont nécessaires pour faire plonger l'instrument jusqu'à la même marque; et la différence donne le poids absolu du corps. On place alors le corps à peser dans le plateau inférieur; on charge de poids le supérieur jusqu'à enfoncer jusqu'à la marque; et on a le poids d'un volume égal d'eau en déduisant du poids total le poids qui vient d'être ajouté.

M. Guyton a perfectionné cet instrument en le rendant d'un usage propre à peser les solides et les liquides : il y a ajouté une pièce qu'il appelle *plongeur*, parce qu'elle est destinée à être placée dans le plateau inférieur. Ce plongeur est une bulle de verre lestée d'une suffisante quantité de mercure pour que son poids total soit égal au poids additionnel constant, plus au poids du volume d'eau que cette pièce déplace.

Lorsqu'il est question de peser des liquides d'une moindre pesanteur spécifique que l'eau, on connoît le poids de l'instrument dans l'eau qu'on compare avec son poids dans le liquide plus léger.

S'il est question d'un liquide très-pesant, outre le plongeur, on ajoute des poids dans le bassin supérieur pour enfoncer jusqu'à la marque.

Il est inutile d'observer que cet instrument ne peut peser que les corps dont le poids n'excède pas le poids additionnel nécessaire pour enfoncer le gravi-mètre jusqu'à la marque.

On a successivement proposé des instrumens plus ou moins propres à déterminer la pesanteur comparée des liquides.

1°. On pèse un flacon vide; on le pèse encore après l'avoir rempli d'eau distillée; on verse l'eau et on la remplace par un égal volume du liquide dont on cherche la pesanteur comparée ; en déduisant, dans les deux cas, le poids du flacon, il est clair qu'on a le poids comparé des deux liquides; le procédé est d'Homberg.

2°. On plonge dans l'eau distillée un corps inattaquable par ce liquide; on charge le corps de différens poids pour l'enfoncer jusqu'à une marque fixe et déterminée sur une tige qui surnage. Connoissant le poids de l'instrument et ceux qu'il a fallu ajouter pour l'enfoncer, leur somme donne le poids de l'eau déplacée. On plonge le même instrument dans le liquide dont on veut reconnoître la pesanteur; on le charge de poids, pour qu'il enfonce jusqu'à la même marque, et la somme de la pesanteur de l'instrument, et des poids ajoutés donne le poids du liquide déplacé. Ce poids, comparé à celui du volume égal d'eau déplacée, forme

la pesanteur comparée. Cet aréomètre est
de *Farenheit*.

3°. L'instrument le plus simple pour
peser les liquides ou en déterminer le
degré de concentration, est le *pèse-liqueur*
ou *aréomètre* de *Baumé*; il consiste en un
tube de verre gradué, lesté à sa partie inférieure par un peu de mercure qui le tient
toujours dans une situation verticale. Il
marque zéro au point où il s'arrête, lorsqu'on le plonge dans l'eau distillée : les
graduations supérieures expriment les
divers degrés dont il descend dans les
liquides plus légers; les inférieures mar-
quent les degrés dont il s'élève dans les
liquides plus pesans. Ce pèse-liqueur est
d'un service commode; et, quoiqu'il ne
présente pas une précision mathémati-
que, il suffit pour les usages ordinaires
de nos fabriques, où l'on ne connoît guère
que celui-là.

4°. M. Ramsden a proposé un petit tré-
buchet de laiton à leviers inégaux, sur
l'un desquels coule un poids à la manière

des balances romaines. L'extrémité de l'autre bras est un fil de crin qui suspend une boule de verre lestée par du mercure. On juge de la pesanteur des liquides par le poids que donne la boule lorsqu'on la submerge. Il est avantageux de remplacer le fil de crin par un fil de platine. *On peut consulter les Mémoires de* M. Hassenfratz, *Essais de Chimie sur l'Aréométrie,* et l'ouvrage de Brisson, sur les *pesanteurs spécifiques,* vol. *in-*4°.

Il est presque inutile d'observer que, pour apporter une grande précision dans l'appréciation des pesanteurs spécifiques des fluides, il faut tenir compte de la température de l'atmosphère, qui, en les dila-tant plus ou moins, fait varier le pèse-liqueur. Mais les instrumens que nous venons de décrire, suffisent pour nos usages ordinaires; et l'évaluation de la tempéra-ture n'est nécessaire que par rapport aux liqueurs les plus évaporables, ou celles dont la plus légère différence dans la con-sistance produit de grandes variations

pour le commerce; de là vient qu'on a
introduit dans la vente des eaux-de-vie
et alcool, l'usage d'en calculer le degré
par l'application du thermomètre et de
l'aréomètre. On peut voir dans les Mémoires de la Société des Sciences de
Montpellier, un Mémoire de *Borie* qui
contient une belle suite d'expériences
sur les mélanges d'eau et d'alcool, et sur
la dilatabilité de ces mélanges à divers
degrés de température. C'est sur le résultat de ces expériences qu'on a construit
le pèse-liqueur employé dans le midi pour
déterminer les degrés de spirituosité des
eaux-de-vie; ce pèse-liqueur porte avec
lui les corrections convenables aux divers
degrés de température.

SECTION II.

De la Solution, considérée comme moyen
préparatoire à l'action chimique.

Nous appelons *solution*, la division et
la disparition d'un corps quelconque dans

un liquide, sans qu'aucun des deux éprouve aucune altération dans sa nature.

Nous adoptons ce mot dans le sens que le célèbre Lavoisier (1) lui a donné, avec d'autant plus de raison, que cette opération diffère essentiellement de la *dissolution*, qui doit être réservée pour expliquer l'action d'un acide sur un métal, une terre ou un alkali : dans ce dernier cas, non-seulement il y a solution, mais il y a encore combinaison et quelquefois décomposition de l'un des corps, comme lorsqu'on fait agir un acide sur un métal, ou sur un sel neutre dont l'acide peut être déplacé par l'acide plus fort qu'on emploie (2).

Il suit de cette distinction établie par

_____

(1) *Traité élémentaire de Chimie*, tom. II, chap. v, sect. I, pag. 101 et 102.

(2) Comme il n'est question, dans ce chapitre, que d'une opération préparatoire à l'action chimique, il est évident que nous ne pouvons pas nous y occuper de la dissolution qui entraîne avec elle *combinaison* ou *décomposition*. Il paroîtra étonnant que, les résultats de la *solution* et de la *dissolution* étant si différens,

Lavoisier, entre la solution et la dissolution, que le mot *dissolvant* ne peut plus
être conservé au liquide qui détermine la
solution ; il faut le remplacer nécessairement par le mot *résolvant*. Ainsi, le corps
résolvant est le liquide dans lequel dispa-
roît le corps qui se résout ; et, pour parler
d'une manière plus générale, nous dirons
avec M. Monges, que le *résolvant* est le
corps qui conserve sa forme, et la donne
à l'autre.

Il est des corps dont la constitution est
telle, qu'ils paroissent constamment à
l'état liquide, à la température ordinaire
de l'atmosphère : c'est dans cette classe
que nous prenons les *résolvans*, tels que
l'eau, l'alcool, le calorique.

Les corps naturellement solides ou gazeux peuvent être ramenés à l'état liquide,

---

on ait exprimé, jusqu'à Lavoisier, ces opérations par
un seul mot : car, dans la langue des sciences sur-
tout, il faut éviter de désigner, sous la même dénomi-
nation, des résultats opposés, ou des opérations entièrement différentes.

en augmentant, dans les premiers, la dose
de calorique, et en la diminuant dans les
seconds. Leur force de cohésion et d'élasticité détermine la dose de calorique qu'il
faut ajouter ou extraire pour produire cet
effet.

Si quelques corps solides ou fluides ont
échappé jusqu'ici à la solution, c'est qu'on
n'a pas pu appliquer aux uns et soustraire
aux autres la dose de calorique nécessaire
pour rompre leur cohésion.

Lorsque la force de cohésion ne peut
pas être vaincue par l'affinité du résolvant, le chimiste emploie trois moyens
pour préparer le corps à sa solution :

1°. Il affoiblit par des moyens mécaniques la force de cohésion.

2°. Il augmente l'affinité du résolvant
par le concours du calorique.

3°. Il diminue la cohésion, en saturant
une portion de son énergie par l'addition
d'un autre corps.

La division d'un corps a le double avantage de diminuer la cohésion et de mul-

tiplier les surfaces ; elle affoiblit la résistance et augmente l'action. La pierre à
chaux, le quartz, naturellement insolu-
bles dans l'eau, peuvent être amenés à
un tel degré de ténuité, que, charriés par
ce liquide et déposés lentement, les molécules prennent, par leur réunion, des
formes régulières : c'est de cette manière
qu'on peut concevoir la formation des
cristaux de roche et de spath calcaire sur
des surfaces pierreuses qui sont continuellement mouillées par l'eau qui a coulé à
travers des roches de nature analogue à
celles des cristaux.

Bergmann avoit déjà observé que des
corps qui ne sont pas sensiblement atta-
qués lorsqu'ils sont en masse, deviennent
solubles quand on les divise. (*Lettres sur
l'Islande*, p. 421.)

On peut encore aider l'action de l'affinité par le moyen du calorique : il a le
double avantage de diminuer la cohésion,
et d'être lui-même un corps résolvant ; de
sorte que toutes les fois qu'on fait concou-

rir le calorique avec un autre liquide, on
obtient un effet compliqué de l'action des
deux agens ; et, pour se faire une idée
exacte de la part que le calorique a dans
le résultat, on doit le considérer sous les
deux points de vue sous lesquels nous venons de le présenter. 1°. Il affoiblit la force
de cohésion en éloignant les molécules :
cet effet suffit pour déterminer l'action
du résolvant dans plusieurs cas, et il con-
tribue toujours à l'accélérer. 2°. Il dissout
lui-même une portion du corps, en proportion de la quantité dans laquelle on
l'emploie : le seul refroidissement, ou, ce
qui est la même chose, la soustraction de
celte cause de solution, entraîne la précipitation de toute la portion du corps qui
ne devoit sa solution qu'au calorique.

Il ne faut pas cependant considérer le
calorique comme facilitant, dans tous les
cas, les solutions : cette propriété du calorique n'est incontestable que lorsqu'on
agit sur des corps fixes, soit solides, soit
liquides : car, lorsqu'on opère sur des

corps dont l'état naturel est celui d'un fluide aériforme, alors le calorique facilite le jeu de cette force d'élasticité, qui tend sans cesse ou à porter ces fluides à l'état de gaz, s'ils sont en combinaison, ou à les y maintenir, s'ils jouissent de leur expansion naturelle ; de manière que, dans tous ces cas, le calorique tend à développer et à fortifier cette énergie d'élasticité qui contrebalance sans cesse celle des affinités, et résiste à l'action des résolvans et des dissolvans.

Un troisième moyen, qu'on emploie pour préparer les corps à la solution, consiste à diminuer la force de cohésion par la combinaison d'une autre substance ; un exemple rendra ceci très-sensible : lorsqu'on plonge de la chaux vive dans l'eau, la chaux attire l'eau et s'en empare ; mais, à mesure qu'elle s'en sature, sa force de cohésion diminue ; de sorte qu'il arrive un moment où l'affinité de l'eau l'emporte, et qu'elle dissout un peu de chaux.

Il y a quelquefois si peu d'affinité entre un liquide et un solide, que le dernier n'en est pas sensiblement mouillé, et que le liquide se forme en gouttes arrondies et saillantes à sa surface : l'eau et le suif nous en fournissent un exemple.

D'un autre côté, quelquefois l'affinité du résolvant l'emporte tellement sur la résistance de cohésion qu'oppose le corps à résoudre, qu'on ne peut conserver à ce dernier sa forme solide, qu'en le mettant à l'abri et hors du contact du résolvant. C'est cette facilité, cette tendance à la solution qui constitue le caractère de cette classe de sels qu'on appelle *déliquescens*, parce qu'exposés à l'air, ils en attirent le peu d'humidité qui est nécessaire à leur solution.

Watson, qui a observé les phénomènes de la solution avec le plus grand soin, a conclu de ses nombreuses expériences :

1°. Que l'eau acquiert du volume dans le moment de l'immersion d'un sel.

2°. Que son volume diminue pendant la dissolution.

3°. Qu'elle remonte, après la dissolution, au-dessus du premier niveau.

Le premier phénomène est l'effet nécessaire de l'immersion d'un solide dans un liquide.

Le second est le résultat immédiat de l'abaissement de température, produit par la solution.

Le troisième annonce que le liquide qui reprend sa température se restitue dans son état naturel avec une augmentation sensible de volume, par rapport au volume du corps dont il s'est chargé. Cependant l'augmentation de volume n'est pas, à beaucoup près, en proportion de celui du corps résous, ce qui annonce une sorte de pénétration ou de combinaison entre les deux corps. (*Journal de Physique*, t. XIII, p. 62.)

L'opération de la solution des sels dans l'eau, donne constamment du froid : à la vérité, MM. Fourcroy et Vauquelin ont fait connoître que, lorsqu'on a dépouillé de leur eau de cristallisation les sels qui en demandent beaucoup pour cristalliser, leur solution dans l'eau laisse échapper du calorique ; mais alors ces sels ne sont plus dans leur état naturel ; et ils produisent du froid, comme tous les autres, lorsqu'on les résout avec toute leur eau de cristallisation.

Lorsque l'eau tient un sel en dissolution, on peut alors considérer le nouveau corps comme ayant des affinités particulières et différentes de celles des deux corps composans : ainsi la solution de l'alun dans l'eau, laisse aller une grande partie d'alumine qui se précipite dès qu'on dégage l'alun par cristallisation.

Lorsqu'un liquide tient plusieurs sels en solution, l'évaporation ou l'abaissement de température les en précipite dans les rapports inverses de leurs affinités avec le résolvant. Ces sels se séparent rarement bien purs, parce qu'ils exercent entr'eux des affinités, en vertu desquelles ils s'unissent et se mêlent plus ou moins.

Deux liquides peuvent aussi se résoudre lorsque leurs affinités respectives l'emportent sur leurs forces de cohésion. Si l'on mêle de l'eau avec l'éther, à parties égales, il s'établit deux liquides qui restent séparés : l'un inférieur, qui tient beaucoup d'eau et peu d'éther; l'autre supérieur, qui tient peu d'eau et beaucoup d'éther.

On peut accélérer la solution, en imprimant un léger mouvement au liquide; car, par ce moyen, on déplace successivement l'eau dont l'affinité s'est affoiblie, et on la remplace par une portion du même liquide plus avide. Le mouvement a encore l'avantage d'opérer, sur la surface du corps qu'on veut résoudre, un frottement mécanique qui en détache des molécules et les livre à l'action du résolvant.

Comme il importe, dans un grand nombre d'arts, de ne pas évaporer des liquides qu'ils ne soient à-peu-près satu-

rés du corps sur lequel on opère, on fait
passer, à plusieurs reprises, le même liquide sur de nouvelles quantités du corps à
résoudre ; et on l'en charge jusqu'à ce qu'il
est arrivé au degré de concentration con-
venu : on parvient au même résultat en
faisant passer le liquide à travers une couche très-épaisse du corps qu'on veut résoudre ; et on laisse assez long-temps les
deux corps en action pour qu'il y ait
saturation.

SECTION III.

*De la Cristallisation , considérée comme
moyen préparatoire à l'action chimique.*

LE but de presque toutes les solutions et
évaporations, est de rapprocher les liquides
pour opérer la cristallisation des sels qui
sont dissous. Les molécules qu'on rapproche tendent sans cesse à prendre des formes
ou des figures polyèdres, constantes et déterminées.

La régularité des formes est une loi de la matière, aussi générale que celle de la pesanteur.

La nature a imprimé à chaque classe de corps une forme invariable; et c'est sur-tout cette variété de formes qui établit entr'elles la principale ligne de démarcation, et qui nous sert à les distinguer au premier coup-d'œil.

C'est cette propriété qu'ont tous les corps d'affecter une forme constante, que les chimistes ont appelée *cristallisation*.

Dans les êtres organiques, la forme paroît être assez généralement appropriée aux besoins du corps vivant; tandis que dans les substances minérales, elle paroît être indifférente.

Les premiers chimistes qui reconnurent que la figure des corps étoit assez constamment la même, désignèrent les cristaux d'après la ressemblance plus ou moins grossière qu'on crut appercevoir entr'eux et des corps connus : de-là les dénominations des cristaux en *tombeaux*, *pointes de diamant, croix, lames de couteau,* etc.

Ces expressions, qui ne se rapportoient qu'à des corps dont les figures sont très-variables, ne laissoient à l'esprit que des idées confuses ; le célèbre Linné paroît être le premier qui ait reconnu que les formes étoient toutes géométriques ; en conséquence, il crut pouvoir en faire la base de la distribution méthodique ou de la classification des substances minérales.

Romé de Lisle a soumis à un examen rigoureux toutes les formes connues, et a cru reconnoître dans la grande variété de formes que présentent les cristaux d'une même espèce de corps, une forme primitive dont les autres n'étoient que des modifications.

M. Haüy, en divisant les cristaux par des moyens mécaniques, est parvenu à démontrer l'existence d'un noyau primitif dans chaque cristal. Ce noyau a une forme constante et déterminée pour chaque sorte de corps, à laquelle l'application successive de diverses lames apporte des modifications infinies. Ce célèbre minéralogiste a fait voir de quelle manière ces lames surajoutées à la forme primitive, pouvoient, par leur décroissement, la varier, la modifier et la changer. Son travail ne laisse que le sentiment de la vérité dans l'esprit de ceux qui s'occupent sérieusement de *cristallographie*.

C'est ainsi qu'en divisant un prisme hexaèdre de spath calcaire par des sections parallèles entr'elles, on le dépouille successivement de toutes les lames qui en constituent l'enveloppe, et l'on arrive à un noyau constamment uniforme qui représente un vrai rhomboïde. En abattant les huit angles solides du cube du spath fluor, on obtient un octaèdre. Le spath pesant produira un prisme droit, à bases rhombes : le feld-spath, un parallélipipède obliquangle : le béril, un prisme droit hexaèdre : le spath adamantin, un rhomboïde un peu aigu : la blende, un dodécaèdre à plans rhombes : le fer de l'île d'Elbe, un cube, etc.

Si, après être parvenu à cette dernière subdivision, on vouloit poursuivre dans d'autres sens, on briseroit le cristal au lieu de le diviser.

Mais le solide qui forme le noyau, peut encore être soudivisé parallèlement à ses faces : il en est de même de la matière enveloppante, qu'on peut diviser par sections parallèles aux faces du cristal primitif ; de manière que les parties détachées sont similaires, et ne diffèrent que par le volume, qui va décroissant à mesure que l'on pousse la division plus loin : ce sont ces petits solides similaires, susceptibles d'une division extrême, qui forment les molécules intégrantes du cristal.

Une fois parvenu à connoître la forme primitive du cristal, et conséquemment, celle de ses molécules intégrantes, il falloit chercher et déterminer les loix sui-

I.

vant lesquelles ces molécules se disposoient
pour former autour du noyau une enveloppe qui présentât des polyèdres très-
différens entr'eux, quoique originaires
d'une même substance : or , M. Haüy a
démontré que toutes les parties de l'enveloppe sont formées de lames qui décroissent régulièrement par des soustractions
d'une ou de plusieurs rangées de molécules intégrantes : c'est ainsi , par exemple , qu'en élevant sur chaque face d'un
cube primitif une série de pyramides
dont chacune diminue d'une rangée de
petits cubes élémentaires , on obtiendra
un dodécaèdre ; et le cube , avant d'arriver à cette forme, passera par une mul-
titude de figures intermédiaires ; de manière que si le travail de la nature s'arrête à l'un ou à l'autre de ces passages,
on aura des modifications à la forme primitive.

Comme les décroissemens sont formés
par des lames dont les molécules sont
très-petites , les faces de la pyramide sont

très-unies. Mais si les assises de la pyramide décroissent dans une progression plus forte, c'est-à-dire, qu'au lieu d'une rangée de cubes, il y ait soustraction de quatre à six d'une assise à l'autre, les pyramides seront plus surbaissées, et leurs faces adjacentes ne pouvant plus être de niveau, la surface du solide secondaire sera composée de vingt-quatre triangles isocèles, inclinés les uns sur les autres.

Les décroissemens des lames de superposition se font en général ou parallèlement aux arêtes du noyau, ou parallèlement aux diagonales ; M. Haüy a appelé les premiers, *décroissemens sur les bords*, et les seconds, *décroissemens sur les angles*. Il est quelques cas rares où ces décroissemens sont mixtes.

Tantôt les décroissemens se font à-la-fois sur tous les bords, comme dans le dodécaèdre à plans rhombes cité plus haut; tantôt sur tous les angles, comme dans l'octaèdre originaire du cube ; tantôt ils n'ont lieu que sur certains bords ou sur certains angles.

Quelquefois les décroissemens sont uniformes, soit sur les bords, soit sur les angles. D'autres fois ils varient d'un bord à l'autre, ou d'un angle à l'autre; ce qui arrive sur-tout lorsque le noyau n'a pas une forme symétrique, et que les faces diffèrent, par exemple, par leur inclinaison respective, ou par la mesure de leurs angles. Dans certains cas, les décroissemens sur les bords concourent avec les décroissemens sur les angles, pour produire une même forme cristalline. Il arrive encore quelquefois, qu'un même bord ou un même angle suit plusieurs loix de décroissement qui se succèdent l'une à l'autre.

En général le nombre de rangées soustraites n'est pas très-variable : les soustractions se font le plus souvent par une ou deux rangées de molécules, ce qui diminue le nombre de formes qui peuvent être produites par les décroissemens. S'il y avoit des décroissemens par 10, 20, 30 et 40 rangées, comme cela seroit possible, la prodigieuse variété de formes auroit de quoi effrayer l'imagination. Mais, malgré les limites étroites entre lesquelles les loix de la cristallisation sont resserrées, M. Haüy a trouvé, en se bornant aux deux loix les plus simples, c'est-à-dire à celles qui produisent les soustractions par une ou deux rangées, que le spath calcaire étoit susceptible de deux mille quarante-quatre formes différentes; et de huit millions trois cent quatre-vingt-huit mille six cent quatre, en admettant les décroissemens par trois et quatre rangées.

Les stries ou canelures que présentent sur leur surface la plupart des cristaux, sont toujours parallèles aux rebords des lames de superposition. Ces points ou ces inégalités dans le travail de la cristallisation, annoncent que la nature n'a pas joui pleinement des conditions nécessaires pour perfectionner son opération; mais ces anomalies apparentes deviennent une nouvelle preuve du décroissement des lames.

La fécondité des loix d'où dépendent les variations des formes cristallines est telle, que souvent des molécules de diverses figures s'arrangent de manière qu'il en résulte des polyèdres semblables dans différentes sortes de minéraux : ainsi le dodécaèdre à plans rhombes, qu'on peut obtenir en combinant des molécules cubiques, provient dans le grenat de petits tétraèdres à faces triangulaires isocèles. Il est encore possible que des molécules similaires produisent une même forme cristalline par des loix différentes de décroissement ; et il peut exister, en vertu d'une loi simple de décroissement, un cristal qui, à l'extérieur, ressemble au noyau, c'est-à-dire à un solide qui ne résulte d'aucune loi de décroissement.

M. Haüy a réduit à six formes primitives toutes celles que l'analyse mécanique lui a présentées dans les dissections

de cristaux. Ces formes sont le parallélipipède en général, qui comprend le cube,
le rhomboïde, et tous les solides terminés
par six faces parallèles deux à deux ; le
tétraèdre régulier ; l'octaèdre à faces triangulaires ; le prisme hexagonal ; le dodécaèdre à plans rhombes, et le dodécaèdre
à plans triangulaires isocèles.

Ce savant cristallographe a encore observé que les formes identiques qui, jusqu'ici se sont rencontrées comme noyaux
dans des espèces différentes, sont du nombre de celles qui ont un caractère particulier de perfection et de régularité, comme
le cube, l'octaèdre régulier, le tétraèdre
régulier, le dodécaèdre à plans rhombes,
égaux et semblables. Ces formes, qui ap-
partiennent à plusieurs espèces, peuvent
être considérées comme des limites auxquelles la nature arrive par différentes
routes, tandis que chacune des formes
placées entre ces limites, semble être af-
fectée à une espèce unique.

Il nous reste à présent à faire connoître

les conditions qui sont nécessaires pour amener un corps à une parfaite cristallisation.

1°. Un corps ne cristallise qu'autant que, par une division préalable, on a rompu la cohésion, et mis les molécules dans le cas d'exercer pleinement et librement leurs affinités réciproques.

Cette division peut s'effectuer par solution : la solution s'opère dans l'eau pour les sels, dans le calorique pour les minéraux, dans l'alcool pour les résines et quelques huiles.

2°. Lorsqu'un corps est dissous dans l'un ou l'autre de ces fluides, on opère la réunion des molécules dissoutes, par l'évaporation, ou en abaissant la température du liquide.

Dans les cas où la solution est faite par l'eau ou l'alcool, on évapore jusqu'à ce qu'il se forme de petits cristaux à la surface ou sur les parois ; on arrête alors l'opération ; et, par le refroidissement, il se précipite beaucoup de sel en cristaux.

En évaporant le liquide qui reste après l'avoir enlevé de dessus les cristaux, on peut obtenir une seconde levée de cristaux, et épuiser le liquide de tout sel par des opérations successives. Mais si la dissolution est faite par le calorique seul, comme dans les fusions métalliques, celles du soufre et du phosphore, il faut d'autres précautions pour décider la cristallisation. Si on laisse refroidir un métal fondu, il ne tardera pas à reparoître, par le refroidissement, avec sa forme primitive, et en laissant appercevoir quelques traces confuses, ou quelques délinéamens imparfaits de cristallisation, tels qu'on les voit dans l'antimoine et le zinc. Mais si, au moment où la surface du métal fondu vient de se figer, on perce cette enveloppe pour faire couler le liquide métallique contenu dans l'intérieur, la capacité sera tapissée de cristaux réguliers qui, presque toujours, présentent la forme cubique ou l'octaèdre. Nous pouvons inférer de ce que nous venons d'observer, que le métal en masse n'est qu'un agrégé de cristaux, et que le seul moyen de lui donner le liant et la ductilité convenables, c'est de le battre au marteau et de le *corroyer.*

De ce qui vient d'être dit sur la cristallisation opérée par évaporation et refroidissement, nous pouvons conclure qu'après avoir saturé un liquide bouillant d'une substance saline quelconque, il suffit de le laisser refroidir pour obtenir un dépôt de cristaux. On concevra aisément tous ces phénomènes, en considérant qu'il y a alors deux liquides agissant sur le sel (l'eau et le calorique) et qu'en soustraisant l'un d'eux, on doit avoir pour précipité toute la portion de sel qu'il tenoit en dissolution.

Lorsque l'évaporation du dissolvant s'opère lentement, la cristallisation est toujours plus régulière; alors les molécules s'unissent et s'arrangent en vertu de leurs affinités; tandis que, lorsque l'évaporation est rapide, les molécules se précipitent les unes sur les autres, et il n'y

a plus que confusion dans leur assem-
blage.

Non-seulement la lenteur de l'évaporation détermine la régularité des formes,
mais elle concourt encore à donner du volume aux cristaux : c'est ce que nous obser-
vons chaque jour dans les solutions salines
que nous abandonnons dans un coin de nos
laboratoires ; c'est ce que nous démontrent
toutes les opérations de la nature, qui
forme, avec le temps et par évaporation
insensible, des cristaux salins et pierreux
que nous ne pouvons pas imiter, parce
qu'il n'est pas en notre pouvoir de faire
entrer les siècles comme élémens dans
nos opérations.

Le repos du liquide n'est pas moins nécessaire pour obtenir des formes bien régulières : une agitation non interrompue
s'oppose à tout arrangement symétrique;
elle précipite les cristaux à mesure de leur
formation, et l'on n'obtient, pour ainsi
dire, que les molécules intégrantes des
cristaux.

On tire parti dans les arts, du trouble qu'apporte l'agitation dans la liqueur, pour se procurer des cristaux d'une division extrême : c'est par ce moyen qu'on précipite en petites aiguilles très-déliées, les cristaux de sulfate de soude, ceux de nitrate de potasse, etc.

Il arrive souvent qu'une dissolution justement rapprochée, refuse de cristalliser ; dans ce cas, une légère secousse imprimée au vase décide quelquefois la cristallisation. Farenheit avoit observé que dans cette circonstance, il s'échappoit de la chaleur au moment du choc, ce qui paroît prouver que le calorique étoit interposé entre les molécules, et qu'il ne falloit que le plus léger mouvement pour l'extraire.

Un cristal qui se forme dans l'eau, retient constamment une partie plus ou moins considérable du liquide, et c'est ce qu'on appelle eau de *cristallisation*.

La solution n'a lieu, que parce que l'affinité du liquide surmonte la cohésion qui lie les parties du sel ; mais , à mesure que la masse du liquide diminue par l'évaporation , son affinité de masse décroît , et celle des molécules du corps dissous augmente , puisqu'elles se rapprochent ; il doit donc y avoir un moment où l'affinité du sel l'emporte sur celle du liquide ; et, dès ce moment , le sel qui se forme en cristaux doit en retenir une partie. Cette eau de cristallisation entre comme principe dans la combinaison , puisqu'on ne peut plus reconnoître ce liquide , ni à l'œil , ni au toucher , ni à l'épreuve hygrométrique.

Cette eau de cristallisation concourt à donner au cristal sa forme , sa transparence , sa cohésion. Lorsque , par la chaleur , on la fait échapper , on voit presque toujours disparoître ces trois caractères. Par exemple , si on expose à la chaleur un cristal transparent de sulfate de chaux , on verra de suite l'eau se volatiliser et se dissiper en fumée , le cristal perdra sa

transparence, il deviendra friable et pul-
vérulent.

Les substances simples, telles que les
métaux, quelques terres, le soufre, le
phosphore, les résines, et généralement
tous les corps simples et qui ne sont pas
solubles dans l'eau, cristallisent sans retenir sensiblement de leur dissolvant. Mais
les substances composées demandent à
être dissoutes dans un liquide, pour y
prendre la portion nécessaire à la formation de leurs cristaux.

L'eau de cristallisation est plus ou
moins abondante dans les sels. M. Kirwan
l'a déterminée pour les principaux sul-
fates, nitrates et muriates dans le tableau
qui suit :

CENT PARTIES.	ACIDES.	ALKALIS.	TERRE.	MÉTAUX.	EAU.
Sulfates de potasse...	31	63	....	....	6
———— de soude....	14	22	....	....	64
———— d'ammoniaq.	42	40	....	....	18
———— de magnésie..	24	....	19	....	57
———— d'alumine...	24	....	18	....	58
———— de fer......	20	....	....	25	55
———— de cuivre....	30	....	....	27	43
———— de zinc......	22	....	....	20	58
Nitrates de potase....	30	63	....	....	7
———— de soude....	29	50	....	....	21
———— d'ammoniaq.	46	40	....	....	14
———— de chaux....	33	....	32	....	35
———— de magnésie..	36	....	27	....	37
Muriates de potasse...	30	63	....	....	7
———— de soude....	33	50	....	....	17
———— d'ammoniaq.	52	40	....	....	8
———— de chaux....	42	....	38	....	20

Il est des sels qui, quoique obtenus par évaporation, ne se présentent pas toujours avec la même quantité d'eau de cristallisation : on l'a déjà observé pour le sulfate de soude qui, par l'évaporation de la liqueur qui le tient en solution, se précipite en partie en une croûte qui est dépourvue d'eau de cristallisation, tandis

que le liquide retient encore une grande
quantité de sel en solution. J'ai eu occasion d'observer ce phénomène dans mes
travaux en grand sur la fabrication de la
couperose : lorsque la solution du sulfate
de fer est parvenue à une concentration
de 37 à 38 degrés (aréomètre de Baumé),
alors la liqueur blanchit et se trouble;
il se fait un précipité blanc qui s'attache
aux parois des vaisseaux, à tel point, qu'on
a quelque peine à l'en séparer, ce qui
demande une grande attention pour ne
pas fondre les chaudières : ce dépôt n'est
que du sulfate de fer presque privé d'eau
de cristallisation. Dès que ce dépôt s'est
formé, la liqueur reprend sa couleur ver-
dâtre, et sa concentration diminue de 5 à
6 degrés. On peut concentrer de nouveau,
sans accident, jusqu'à 37 ou 38 degrés;
mais, à ce degré, il se fait un nouveau
précipité semblable au premier, et accom-
pagné des mêmes phénomènes : ce précipité n'arrive qu'entre le 40 et 42e degré,
lorsque la solution est bien saturée, c'est-

à-dire lorsqu'il n'y a pas excès d'acide.
Si l'on examine toutes les circonstances
de ce phénomène, on verra que, lorsque
la solution est rapprochée au 37ᵉ degré,
il n'y a plus alors, dans la liqueur, que la
quantité d'eau nécessaire pour balancer
l'affinité des molécules salines ; passé ce
terme, celle-ci l'emporte, et le sel se précipite. Après cette précipitation, l'affinité
de l'eau restant la même, elle se trouve
par là supérieure à celle du sel qui reste,
et peut le tenir en solution jusqu'à ce que
l'évaporation, rompant de nouveau l'équilibre, il y ait un nouveau précipité.

L'eau de cristallisation adhère aux sels
avec plus ou moins de force : il en est quelques-uns qui la laissent échapper dès qu'ils
sont exposés à l'air, tels que la soude, le
sulfate de soude, etc. ; ces sels, perdant
leur transparence, leur dureté, leur forme,
deviennent blancs et farineux, et, en cet
état, on les appelle des *sels effleuris*. Il
est d'autres sels qui ne sont nullement
altérés par leur séjour à l'air; il en est

encore qui se résolvent en liqueur dès qu'ils sont exposés à l'atmosphère; on les nomme des *sels déliquescens.*

Les phénomènes que nous présentent les divers sels lorsqu'on les prive forcément par le feu de leur eau de cristallisation, servent à les distinguer et à les reconnoître. Les uns pétillent; d'autres se liquéfient; il en est qui se boursoufflent; et quelques-uns se décomposent sur les charbons allumés, en brûlant avec ou sans lumière.

SECTION IV.

Du Calorique, considéré comme moyen préparatoire à l'action chimique.

DE tous les moyens que le chimiste emploie pour préparer les corps à l'action chimique, il n'en est pas de plus actif ni de plus en usage que le calorique.

Ce fluide réunit en lui seul presque toutes les propriétés qu'on peut desirer :

1°. il est susceptible de se combiner avec quelques substances , et de les faire passer à l'état permanent de fluide gazeux ou aériforme. 2°. Il forme , avec d'autres substances, des combinaisons moins durables, mais suffisantes pour changer leur constitution de solide en liquide , ou de liquide en vapeurs. 3°. Dans tous les cas , il écarte les molécules des corps, diminue leur cohésion et facilite l'action des autres substances qu'on leur applique.

On peut donc regarder le calorique sous deux rapports : tantôt comme facilitant l'action des *réactifs* ou des corps qu'on fait servir à l'analyse d'une substance ; tantôt comme agissant lui-même à titre de réactif, et enlevant à une substance quelqu'un de ses principes , avec lequel il se combine ; de sorte que le calorique borne quelquefois son effet à préparer , faciliter ou prédisposer à l'action chimique , tandis que très-souvent il est lui-même employé comme moyen d'analyse.

La propriété qu'a le calorique, de ramollir ou de fondre les corps durs, en a fait presque le seul agent des opérations de la fusion, et de ces changemens, aussi variés que merveilleux, que les métaux, les pierres et quelques substances solides, végétales ou animales, reçoivent de la main des hommes.

La propriété qu'il a de se combiner avec quelques principes des corps, et de les volatiliser d'une manière progressive et proportionnée à leurs affinités et à l'élasticité, a mis dans les mains du chimiste un moyen fécond d'analyse ou de décomposition.

On concevra toute l'étendue du pouvoir du calorique et toute son influence dans les opérations chimiques, lorsqu'on verra qu'il est le principe ou l'agent des fusions, des solutions, des évaporations, des sublimations, des distillations, en un mot, de presque tous les travaux que les hommes exécutent sur les corps, soit pour en modifier les formes et la consti-

tution, soit pour opérer de nouvelles
combinaisons, soit pour en extraire ou
séparer quelques principes.

La manière d'appliquer le calorique
est aussi variée que ses effets. L'industrie
de l'homme n'est nulle part aussi éton-
nante que dans les procédés qu'elle a créés
pour faire servir cet agent aux vues qu'il
se propose : nous nous bornerons à faire
connoître ses moyens dans les opérations
principales, telles que la fusion, la distillation, l'évaporation, la sublimation.

ARTICLE PREMIER.

Application de la Chaleur par les fourneaux.

Le premier effet du calorique qu'on
applique aux corps, est d'en écarter les
molécules sans changer leur constitution ;
mais le dernier résultat de l'action de ce
même fluide, est d'en opérer une solution. Nous voyons le calorique se com-

porter, dans tous ces cas, comme l'eau et
les autres liquides se comportent dans les
solutions. Quelquefois la solution par le
calorique rend le corps invisible : la conversion de quelques corps en gaz en est
une preuve. D'autres fois, les corps perdent leur solidité sans disparoître à la
vue ; les molécules désunies roulent,
alors, sans solution sensible, les unes sur
les autres ; et c'est cet état qu'on appelle
fusion.

L'évaporation, la distillation, la fusion, &c. s'opèrent presque toujours dans
des *fourneaux*, dont la forme varie selon
la nature et la quantité de matière qu'on
veut traiter : elle varie encore selon l'espèce de combustible qu'on emploie et le
degré de chaleur dont on a besoin.

Comme les fourneaux sont d'un très-
grand usage dans les arts, nous croyons
utile de donner ici quelques principes
généraux sur leur construction ; pour en
faire ensuite une application spéciale aux

fourneaux de fusion, d'évaporation et de distillation.

§. Ier.

Principes généraux sur la composition des Fourneaux.

UN fourneau étant destiné par sa nature à contenir le combustible, à concentrer et diriger la chaleur vers le point qui doit la recevoir, doit être composé de matériaux qui présentent les trois conditions suivantes :

1°. Les fourneaux doivent être infusibles au degré de chaleur qu'on leur applique.

2°. Ils ne doivent ni se gercer, ni éclater, ni se calciner, ni effleurir.

3°. Leurs matériaux doivent être mauvais conducteurs de la chaleur.

S'il étoit possible d'employer à la construction des fourneaux les terres pures, nous pourrions alors posséder des matériaux infusibles; mais la nature ne nous les présente nulle part dans cet état; et l'on ne peut les ramener à ce degré de pureté que par des travaux pénibles et dispendieux. L'alumine, qui seule peut servir de base pour la construction des fourneaux, parce que seule elle a la propriété de durcir au feu, se trouve mêlée avec la chaux, la magnésie, la silice, le fer, et ces mélanges sont presque tous fusibles.

Cependant, comme l'alumine doit former la base de la construction des fourneaux, puisqu'elle seule peut leur donner la consistance nécessaire, on est forcé de choisir dans la classe des argiles; et l'on prend celle qui paroît réunir les propriétés qu'on desire, c'est-à-dire, qu'elle ne coule pas au degré de chaleur qu'on est dans le cas de donner.

Ainsi, avant d'employer une argile, il est prudent de l'essayer; ce qui se fait en en formant des briques qu'on expose à un degré de chaleur au moins égal à celui qu'on peut être dans le cas de faire éprouver au fourneau dont elle doit former la charpente. On juge, par le résultat de cet essai, non-seulement de son degré de fusibilité, mais de toutes les autres qualités nécessaires pour une bonne construction.

La fusibilité des argiles n'est pas le seul défaut que puissent présenter ces mélanges terreux : l'alumine a la propriété de se retirer sur elle-même et de perdre beaucoup de son volume par la chaleur; elle peut diminuer de plus de moitié par son action graduée et poussée à l'excès : cette *retraite* des argiles est plus ou moins considérable, selon la nature et les proportions des terres qui leur sont mélangées. Il convient donc de s'assurer encore, par des expériences positives, du degré de retraite que prend la terre dont on veut faire usage : les potiers, les modeleurs, les sculpteurs, les briquetiers, les fournalistes, connoissent tous parfaitement la retraite des terres qu'ils emploient, et ils se conduisent en conséquence.

Un autre défaut que présentent les argiles, c'est celui d'éclater ou de se fen-

dre par le passage rapide d'une températu-
ture à l'autre; il en est peu qui, employées
seules à la construction des fourneaux,
résistent à ces alternatives : de sorte qu'on
voit trop souvent des fourneaux se cre-
vasser, des briques sauter en éclat et avec
fracas par les premières impressions d'une
chaleur vive : le plus souvent, ce défaut
provient de la nature des argiles; mais
quelquefois aussi, il provient de quelques
bulles d'air ou de quelque peu d'humidité
qui ont été enfermés dans l'épaisseur des
parois, et qui, dilatés par la chaleur, ne
peuvent se faire jour qu'en rompant les
enveloppes.

Pour préparer les ouvrages de poterie
à recevoir, sans danger, la chaleur nécessaire à leur cuisson, on les expose à l'air
pendant quelque temps : l'eau dont ils sont
encore imprégnés s'échappe peu à peu; la
retraite se fait insensiblement et sans danger; et, lorsque toute l'eau qui peut s'évaporer à la chaleur naturelle de l'atmosphère, s'est dissipée, et que les ouvrages

sont parvenus au même degré de siccité dans toute l'épaisseur des parois, on peut alors cuire sans crainte. Il faut cependant bien des précautions pour arriver à ce résultat.

Le sculpteur évide ses statues pour ne pas présenter des couches trop épaisses et fort difficiles à sécher.

Le potier expose d'abord ses vases à l'ombre ; peu à peu il les soumet à une température plus chaude avant de les porter au four. Tous graduent le feu dans la cuisson, de manière à n'arriver que lentement et par des degrés bien mesurés à la chaleur qui est nécessaire.

On est parvenu à corriger en partie ces deux défauts des argiles, d'éclater et de faire retraite, en soignant convenablement leur préparation et en les mêlant avec d'autres corps.

Avant d'employer une argile, on l'humecte d'eau, et on la laisse, dans des creux ou dans des baquets, s'imprégner de ce liquide jusqu'à ce qu'elle en soit entièrement pénétrée : c'est ce qu'on appelle *pourrir* l'argile. Cette opération préparatoire divise l'argile à tel point, qu'elle parvient à former une pâte liquide sans grumeaux; elle en sépare quelques corps étrangers qui se précipitent; elle décompose les restes de sulfures métalliques qui sont plus ou moins abondans dans les argiles. Les argiles qui ont pourri le plus long-temps, sont toujours les meilleures.

Après cela, on prend les argiles qu'on forme en gâteaux; et on les fait sécher à l'air pour leur faire acquérir la consistance qu'exigent les travaux qu'on exécute au tour ou dans des moules.

Avant d'employer l'argile, on la pétrit à la main, on la *malaxe*, on la *corroye*, de manière à rendre la pâte égale par-tout, à en extraire les corps étrangers qui peuvent y exister, en un mot, à la disposer à prendre, sous la main, toutes les formes qu'on veut lui donner.

Indépendamment de cette préparation, qui seule suffit dans beaucoup d'opérations, sur-tout lorsqu'on veut donner un grand fini à l'ouvrage, pour les formes et le poli des surfaces, on est dans l'usage de mêler à l'argile des corps réfractaires, incapables de retraite et susceptibles de se bien lier avec elle. C'est toujours dans les sables quartzeux, le quartz blanc ou les argiles fortement calcinées, qu'on fait son choix.

Ces corps, pétris et bien mêlés avec l'argile, forment une espèce de charpente très-poreuse dont toutes les parties se lient par le ciment argileux. Ils ont l'avantage de diminuer la retraite, de toute leur masse, puisqu'ils n'en sont pas susceptibles eux-mêmes; et, en second lieu, de livrer plus aisément passage à l'humidité qui s'évapore, parce qu'ils donnent au corps une plus grande porosité que n'en a l'argile seule.

Lorsqu'on n'a pas à sa disposition un sable quartzeux d'une finesse et de qualité suffisantes, on peut employer ces pierres de quartz blanc, qu'on trouve

assez communément dans le lit des rivières qui descendent des montagnes primitives.

Il ne s'agit que de les pulvériser pour
pouvoir les faire servir : et, à cet effet, on
les fait rougir au feu, et on les précipite
dans de l'eau froide : elles acquièrent par-
là la propriété de pouvoir être écrasées
commodément sous le marteau, le pilon
ou la meule. Lorsqu'on apperçoit dans
ces roches, des veines colorées en vert ou
en jaune, on rejette les morceaux colorés
comme plus fusibles, et on ne conserve
que ce qui est blanc.

Les débris d'un four, les fragmens de
brique, les cassons de creusets ou de cornues de grès, peuvent remplacer le quartz
dans la fabrication des fourneaux.

Il n'est pas au pouvoir de l'artiste de
varier à son gré, les proportions d'argile
et de sable ; elles sont déterminées par la
nature même de l'argile : celle qui est
grasse et liante peut supporter une plus
grande quantité de sable que celle qui

est maigre ou *courte*. Si l'argile est en excès, la composition se gerce et se fend; si le quartz est trop abondant, le mélange n'a pas assez de consistance, et la composition ne résiste ni au choc ni au transport. La seule expérience peut ici nous servir de guide pour connoître et employer les proportions les plus avantageuses.

Souvent l'argile contient quelques parcelles de pierre à chaux qui passent à l'état de chaux par la calcination, et qui effleurissant ensuite par le contact de l'air, soulèvent en écailles la portion de la paroi qui les recouvroit, et laissent appercevoir des points blancs qui tombent en poussière.

Pour qu'un fourneau produise tout l'effet qu'on peut desirer, il faut que les matériaux qui le composent soient mauvais conducteurs de la chaleur : c'est ce qui fait que les fourneaux de métal sont les plus mauvais de tous.

On a proposé de mêler du charbon

avec la composition elle-même ; mais, en
ce cas, il faut qu'il ne soit pas employé
dans une trop forte proportion. On est
encore dans l'usage de recouvrir d'une
étoffe les fourneaux qui reçoivent un léger degré de feu, pour empêcher la déperdition de la chaleur ; et l'on peut former
un enduit de charbon, de paille et d'argile, pour concentrer la chaleur dans tous
les cas où on la porte à un haut degré
dans le fourneau.

§. II.

Principes généraux sur le choix et l'emploi des combustibles.

Il ne suffit pas de se procurer de bons
matériaux pour fabriquer des fourneaux,
il faut encore faire choix d'un combustible convenable et approprié à l'opération.

Non-seulement les divers combustibles
employés dans les ateliers ne produisent
pas la même intensité de chaleur, mais

leur diverse nature exige encore des con-
structions de fourneaux particulières et
un service tout différent.

Dans le nombre des combustibles mis
en usage pour produire de la chaleur, on
peut, sous ce rapport, ne connoître que
deux classes, les *charbons* et les *bois*.

Les charbons se subdivisent ensuite en
houille ou *charbon-de-terre*, et en charbon de bois ou *charbon végétal*. La tourbe
qu'on emploie dans quelques pays rentre
naturellement dans la classe des houilles.

La houille ou charbon-de-terre offre
de très-grandes variétés : il est des espèces
qui ne contiennent qu'un bitume gras,
brûlant avec facilité, augmentant de volume par la chaleur, se collant en masse
dans le foyer, laissant peu de résidu, et
n'exhalant aucune odeur sulfureuse : ceux-
ci se conservent sans s'altérer, sans effleurir, et forment une bonne et excellente
qualité de combustible.

Il est une autre espèce de charbon-de-
terre facile à briser, pesant, noir, et

I.

offrant, dans sa cassure, des points jaunes ou des veines de même couleur, brûlant avec assez de facilité, donnant même une flamme vive, mais ne fournissant pas à une combustion de durée. Celui-ci s'échauffe et souvent s'enflamme dans les magasins, plus souvent en plein air : il se décompose alors complètement, et laisse un résidu d'un jaune rouge qu'on peut employer comme la pozzolane. Ce charbon a l'inconvénient d'exhaler beaucoup de soufre et d'user les vaisseaux de cuivre et de fer en faisant passer ces métaux à l'état de sulfure.

La nature nous présente encore des charbons-de-terre noirs, durs et compactes qu'on prendroit, au premier coup-d'œil, pour des *schistes*; ils ne paroissent être, en effet, que des filons de cette pierre imprégnée de bitume. En général, ces sortes de charbons sont sulfureux; et on les exploite pour en former de l'alun et de la couperose. Ils donnent peu de flamme, et laissent un résidu très-consi-

dérable qui conserve la forme et presque
le volume du charbon employé.

On trouve encore du charbon-de-terre
friable, souvent humide, se réduisant en
poussière par le contact prolongé de l'air
et de l'eau. Ce n'est, à proprement parler,
qu'une pyrite bitumineuse qu'on ne peut
employer qu'à la calcination de la pierre
à chaux.

Lorsqu'il n'est question que de produire de la chaleur, on peut se servir de
tous ces charbons avec plus ou moins
d'avantage; mais dans la plupart des opérations qui se font au feu, on doit tenir
compte de l'effet du combustible, tant sur
les fourneaux que sur les matières qu'on
travaille.

A juger des combustibles par la chaleur
qu'ils produisent, il n'en est point qui
mérite d'être préféré au charbon de terre:
mais le soufre qu'il contient en plus ou
moins grande quantité, dévore les fourneaux, détruit les chaudières, et rend
aigres et cassans tous les métaux qu'on

travaille à la forge. Comparé au charbon
de bois, il a sur lui le désavantage de produire de l'odeur, de la fumée, de ne bien
brûler qu'en grande masse, et de ne pouvoir pas être gradué dans son action avec
la même facilité.

Lorsqu'il ne s'agit que d'obtenir de la
chaleur par le charbon, on donne à la
houille une préparation qu'on appelle
improprement *désoufrage* : c'est ici une
carbonisation de houille très-analogue à
celle du bois.

On opère cette carbonisation de la manière suivante: On forme un tas de houille
qu'on élève en pyramide; on pratique
une cheminée dans le milieu et des gale-
ries dans le bas, pour établir un courant
d'air. On jette du charbon embrasé dans
la cheminée, l'incendie gagne peu à peu
toute la masse; et, lorsque la flamme commence à s'échapper par les côtés, on les
revêt d'une couche de terre humide, pour
étouffer la combustion. On ferme, en
même temps, toutes les ouvertures laté-

rales et la cheminée qui avoient servi à établir l'aspiration. Lorsque la masse est refroidie, il reste une matière spongieuse, légère, que les Anglais appellent *coak*, et qui est le véritable charbon de la houille.

Le coak a quelques avantages sur la houille : 1°. il ne donne pas de fumée, ce qui le rend précieux pour nos apparte- mens, et dans les ateliers où la fumée bitu- mineuse peut altérer quelques couleurs. 2°. Il donne une chaleur plus vive, plus égale et plus soutenue. Mais il produit moins de flamme que la houille, ce qui en restreint les usages; d'ailleurs il n'y a que les charbons de bonne qualité qui soient susceptibles de carbonisation.

La tourbe est employée dans tous les pays d'où on peut l'extraire à peu de frais: ce combustible, bien desséché, donne une flamme vive et assez chaude; mais il se consomme très-vîte. L'odeur qu'exhale la tourbe en brûlant, est très-désagréable, ce qui n'a pas peu contribué à en res- treindre l'usage.

On a essayé de carboniser la tourbe, pour lui ôter son odeur et en rendre le transport moins onéreux. On a encore tenté d'en réduire le volume par une forte compression mécanique : mais tous ces moyens n'ont pas encore donné à la tourbe les qualités des autres combustibles, et son usage est très-borné par-tout ailleurs que sur les lieux qui la produisent. Il seroit néanmoins à desirer que l'emploi de ce combustible devînt plus général ; car, n'eût-il que l'avantage de concourir avec les autres combustibles, il seroit déjà très-avantageux à la société, qui souffre de la cherté et de la rareté du bois et de la houille.

Les charbons de bois présentent encore plus de différence dans leurs effets que le charbon de terre : celui qui provient des bois blancs est léger, peu sonore, brûle avec facilité, donne de la chaleur ; mais il s'use aisément ; il tombe en poussière dans les magasins, et perd avec le temps presque toutes ses qualités. C'est ce charbon qu'on emploie à la fabrication de la poudre; il est reconnu qu'il est d'autant meilleur qu'il est plus récent.

Le charbon provenant de bois durs, tels que chêne-vert, buis, yeuse, etc. est très-pesant, sonore, et cassant net : il brûle bien, s'use peu, chauffe fortement, et doit être préféré dans tous les cas où il faut une chaleur vive et constante.

L'écorce d'arbre fournit un charbon terreux et mauvais : aussi a-t-on la précaution de les écorcer, lorsqu'on veut avoir de l'excellent charbon.

Le charbon des feuilles et des pousses de l'année, est léger, sans consistance, et il s'use promptement.

Le charbon des troncs et des vieux rameaux, est poreux et feuilleté ; il pétille au feu, et se dissipe en étincelles pour peu qu'on anime le foyer.

Les tiges de trois ou quatre ans, dépouillées de leur écorce, fournissent le meilleur charbon.

La manière de charbonner le bois in-

flue encore très-puissamment sur la qualité du charbon.

On peut enfermer le bois dans des tuyaux
de fer, et lui donner un degré de chaleur
suffisant pour le convertir en charbon :
cette manière est préférable à toutes, pour
obtenir du bon charbon; mais elle est dis-
pendieuse, et ne peut être pratiquée que
pour des opérations délicates : on l'emploie
dans quelques pays pour avoir un excellent charbon, avec lequel on puisse fabriquer de la très-bonne poudre.

On peut encore charbonner le bois
dans des fosses, où l'on brûle du bois jusqu'à ce que le charbon en remplisse la
capacité : on le recouvre alors avec une
couverture mouillée, sur laquelle on jette
avec rapidité une forte couche de terre,
pour en prévenir la combustion. Quelques jours après, on découvre avec soin,
et on retire le charbon de la fosse. Ce procédé est généralement employé pour préparer le charbon qu'on destine à la composition de la poudre.

La troisième méthode de charbonner le bois, est celle qu'on pratique dans toutes les forêts : elle consiste à dresser une masse de bois plus ou moins considérable, à ménager des courans qui se portent de la circonférence au centre, et se réunissent à une cheminée commune. On allume ce tas de bois par le centre ; et, lorsque la flamme commence à s'échapper par les parois extérieures, on recouvre toute la surface d'une couche de terre ; on bouche les soupiraux ; on éteint, par ce moyen, l'incendie, et la distillation continue par suite de la chaleur, jusqu'à ce qu'il ne reste plus que le charbon.

On a observé, et j'ai eu occasion de vérifier, lorsque j'étois à la tête de l'administration des salpêtres et poudres, que le charbon provenant du même bois, mais fabriqué en fosse ou en plein air, étoit constamment plus léger et moins dur dans le premier cas que dans le second.

Outre la différence de qualité qui provient de la méthode employée à la carbo-

nisation, le charbon varie encore selon
qu'il est plus ou moins récent. Le charbon qui vient d'être fait, a des propriétés
qu'il perd par la vétusté : non-seulement
il effleurit avec le temps, mais il pompe
l'eau, et en prend jusqu'à vingt et vingt-
cinq pour cent de son poids : aussi a-t-on
observé, depuis quelques années, que,
pour fabriquer de la bonne poudre, il
importoit bien moins de soigner les qualités du salpêtre et du soufre, que d'employer du charbon récent, garanti des
altérations qu'il éprouve par un long
séjour à l'air.

En général, les charbons donnent peu
de flamme et produisent beaucoup de
chaleur ; de sorte qu'ils sont préférables
au bois dans toutes les opérations de fusions où il faut appliquer à un corps une
chaleur vive et prolongée.

Il y a encore un choix à faire parmi les
bois, lorsqu'on veut produire de la flamme
et de la chaleur : les bois durs donnent
plus de chaleur que de flamme, et se

consomment lentement ; les bois blancs
s'usent vîte, mais ils chauffent bien et
développent une belle flamme ; les bois
résineux brûlent bien, donnent beaucoup
de flamme, mais ils répandent une fumée
très-incommode.

Dans tous les ateliers où l'on a besoin
d'une flamme vive, forte et pure, comme
dans les verreries en cristal, dans les fabriques de porcelaine, on a la précaution
de couper le bois de longueur, de le diviser en fragmens assez minces, et de le
dessécher avec soin. Par ce moyen, non-
seulement il brûle avec facilité et produit
beaucoup de chaleur, mais il ne porte
plus dans l'intérieur des fourneaux, ces
courans de vapeurs aquéuses qui, outre
l'effet naturel de retarder la cuisson, font
casser les vases qui sont exposés à leur
action.

Il nous paroît inutile d'observer ici,
que le climat, l'exposition, la nature du
sol, modifient d'une manière très-mar-
quée la qualité du bois. Il est générale-

ment connu que les bois exposés au midi brûlent mieux que ceux de même nature qui croissent au nord : ceux qui sont nourris dans un sol aride, comparés à ceux qui sont élevés dans des terreins gras et humides, présentent la même différence.

Les époques de l'année dans lesquelles on coupe le bois, établissent encore des différences : les bois provenant des coupes du printemps ou de l'été s'altèrent, et brûlent mal : il n'est que les coupes d'hiver qui présentent un bois capable de produire dans la combustion toute la chaleur qu'on peut en attendre, parce que ce n'est qu'à cette époque que les sucs du végétal se sont solidifiés.

L'effet comparé du coak, de la houille, du charbon de bois et du bois de chêne, employés à évaporer une quantité déterminée d'eau, présente les proportions suivantes :

403 de coak.

600 de houille.

600 charbon de bois de chêne.

1029 bois de chêne.

§. III.

Principes généraux sur l'action de l'Air dans les Fourneaux.

MAIS, quel que soit le combustible qu'on emploie, il faut en aider l'action par le moyen de l'air ; et l'art d'appliquer ce fluide à la combustion dans les fourneaux, mérite d'autant plus d'attention de notre part, que c'est la partie la plus difficile, et néanmoins la plus essentielle dans les opérations qui se font au feu.

Les fourneaux sont alimentés, ou par des courans d'air qui se précipitent de l'atmosphère dans les foyers, ou à l'aide de trompes ou de soufflets qui poussent des courans d'air sur le combustible.

Dans le premier cas, l'aspiration doit être déterminée par des cheminées : et, pour concevoir l'effet de ces tuyaux dont la base repose sur le foyer, il suffit de considérer que la colonne d'air qui remplit la cheminée, étant une fois dilatée par la chaleur, se trouve moins pesante que les colonnes d'air ambiant, de manière qu'elle doit être continuellement déplacée par l'air extérieur, qui, à cet effet, se précipite dans le foyer.

On peut considérer l'air d'une cheminée, dilaté par la chaleur, comme un fluide plus léger que l'air atmosphérique, et qui doit nécessairement s'élever avec une rapidité proportionnée à la différence de pesanteur, de sorte qu'il doit s'établir un courant rapide et non interrompu de l'air extérieur à travers le foyer, pour déplacer et occuper l'espace de celui qui s'élève.

Il suit de là, 1°. que les fourneaux auront un tirage d'autant plus actif, que les cheminées seront plus hautes, pourvu que la colonne d'air puisse être chauffée et raréfiée dans presque toute sa longueur; car, sans cela, l'aspiration en seroit gênée. 2°. Que le tirage sera d'autant plus rapide, que les parois de la cheminée seront plus épaisses ou que les matériaux en seront moins

bons conducteurs de la chaleur, parce
qu'alors la chaleur étant retenue au-dedans
de la cheminée, les colonnes d'air extérieur en sont moins dilatées, conséquemment plus pesantes et plus propres, par
leur excès de poids, à chasser la colonne
raréfiée de la cheminée. 3°. Que la largeur
de la cheminée n'influe en rien sur le
tirage, et que, sous ce rapport, les dimensions doivent être déterminées par le volume de la colonne d'air que transmet le
foyer. 4°. Qu'on peut déterminer le tirage
d'une cheminée, en portant dans l'intérieur un corps embrasé.

Dans les fourneaux où la combustion
est déterminée par un courant d'air libre,
outre la cheminée, il faut encore un foyer
et un cendrier. Dans ceux, au contraire,
où le courant d'air est dû à l'effort des
soufflets ou des trompes, la cheminée et
le cendrier deviennent inutiles ; le seul
foyer suffit.

Une autre différence de construction
entre les fourneaux à courant libre et les

fourneaux à courant forcé, c'est que le combustible doit reposer sur une grille dans les premiers, pour que l'air puisse en traverser la masse et convenablement l'attiser par la rapidité de son passage, tandis que dans les fourneaux à soufflets, il suffit de placer le combustible en avant du tuyau du soufflet.

D'après ce qui vient d'être dit, on voit évidemment que les fourneaux à soufflets ne peuvent être alimentés que par le charbon; tandis que les autres peuvent consommer tous les genres de combustibles.

ARTICLE II.

Application de la Chaleur par le miroir ardent et le chalumeau.

INDÉPENDAMMENT des fourneaux, le chimiste a d'autres moyens d'appliquer la chaleur aux corps sur lesquels il opère, et il se sert avec avantage du foyer d'un miroir ardent et du chalumeau.

Au commencement du dernier siècle (1702), Homberg avoit communiqué à l'Académie des sciences un grand nombre de faits relatifs à l'action qu'éprouvent les corps au foyer du miroir ardent de Tschir-nausen. Geoffroy s'occupa du même objet, et consigna les résultats de ses expériences dans les Mémoires de l'Académie des sciences pour l'année 1709. Ces belles expériences ont été reprises, en 1772, par MM. Cadet, Brisson, Macquer et Lavoisier, et exécutées successivement avec trois verres ardens.

Le premier, connu sous le nom de *Tschirnausen*, son auteur, étoit celui qui avoit servi à Homberg ; il étoit convexe des deux côtés ; le diamètre étoit de 33 pouces (9 décimètres); il pesoit 160 livres (8 myriagrammes).

Le second, qui appartenoit au comte de la Tour-d'Auvergne, avoit le même diamètre.

Le troisième, est la fameuse lentille que fit exécuter M. de Trudaine, et dont l'effet

surpassa tout ce qui étoit connu dans ce genre : elle étoit faite par deux grandes glaces courbées en portion de sphère, et réunies par leurs bords pour contenir de l'alcool ; ces glaces étoient sans défaut, elles avoient 8 lignes d'épaisseur (0,018), et formoient deux calottes de sphère de 8 pieds de rayon (2 mètres $\frac{2}{3}$), laissant entr'elles un vide lenticulaire de 4 pieds de diamètre (1 mètre $\frac{1}{3}$), et contenant 140 pintes de liqueur (140 litres); elle fut exécutée par Bernières, et établie au Jardin de l'Infante en 1774.

Le foyer de cette lentille s'est trouvé à 10 pieds 10 pouces 1 ligne (3,521) du centre de la lentille; il formoit un cercle de 15 lignes de diamètre (0,034). Nos académiciens ont augmenté la force du foyer, en en concentrant les rayons dans un espace encore moindre, par le moyen d'une seconde lentille d'un foyer plus court, qu'on a placée dans le cône des rayons réfractés par le grand verre. Nous

ferons connoître les résultats des expériences faites avec cette lentille, en présentant le tableau de l'action de divers
degrés de chaleur sur quelques corps.

Les minéralogistes nous ont appris encore à déterminer une chaleur prompte
et intense par le moyen du chalumeau :
il paroît que cet instrument a été appliqué, pour la première fois, à l'examen
des minéraux par le célèbre André de
Swab. Après lui, Cronstedt, Rinman,
Engestroem, Quist, Gahn, Scheele, en
ont tiré le parti le plus avantageux dans
l'analyse des terres et métaux.

Mais, en 1780, le célèbre Bergmann
a publié une série d'expériences qui embrasse l'essai au chalumeau de presque
tous les minéraux connus : il a employé,
pour support des matières qu'il soumet-
toit à l'essai, le charbon de bouleau ou
celui de sapin bien brûlé, taillé en parallélipipède, et une petite cuiller d'or : il se
servoit de l'un ou de l'autre, selon la

nature de la substance qu'il desiroit éprouver.

Depuis cet habile chimiste, Mongez le jeune a beaucoup ajouté aux expériences faites, et en a consigné quelques résultats dans les notes dont il a enrichi la traduction de la Sciagraphie de Bergmann.

M. de Saussure a encore perfectionné ce travail : en 1775, il commença par substituer au support employé, dont on avoit reconnu l'action sur les matières qu'on essayoit, un tube de verre, à l'extrémité duquel il soudoit le fragment de fossile qu'il vouloit fondre ; mais ce tube ayant présenté plusieurs inconvéniens, tels que ceux de casser par l'action de la chaleur, ou de se ramollir et d'envelopper le fragment d'essai, de manière à le soustraire à l'action de la flamme, ce célèbre naturaliste lui a substitué une aiguille ou filet de sappare (cyanit de Werner). Cette pierre est infusible au chalumeau : elle se laisse diviser en filamens très-déliés, et il suffit de mouiller la pointe de sappare

avec de l'eau légèrement gommée, pour
y agglutiner le fragment d'essai qu'on
expose brusquement à la pointe de la
flamme. Pour manier plus commodément
le sappare, il faut le souder à l'extrémité
d'un tube de verre, de manière qu'il dé-
borde le tube. Avec ces précautions, il est
venu à fondre des lames très-tenues de
cristal de roche.

M. de Saussure ne s'est pas borné à perfectionner l'art d'opérer au chalumeau :
il a encore décrit avec la plus scrupuleuse
attention tous les phénomènes que nous
présentent les corps dans leur fusion, et
il a pu réduire à six les différens genres
de fusion que l'on obtient au chalumeau.

1°. Le plus souvent la matière fondue
se ramasse en un globule plus gros que
la partie non fondue du fragment sur
lequel il repose. Le feld-spath, le talc, le
mica, se comportent de cette manière.

2°. Quelquefois la matière fondue, au
lieu de s'amonceler au sommet de la pyra-

mide, coule le long de cette même pyramide; et la pointe de celle-ci, au lieu de
s'émousser, devient de plus en plus aiguë.

3°. M. de Saussure a observé que dans
plusieurs cas, c'est la base qui repose sur
le sappare, qui fond la première : ici, le
sappare et le fragment d'essai agissent l'un
sur l'autre ; et il faut alors fixer le corps
qu'on essaie sur la pointe d'un échantillon
de même nature.

4°. Un quatrième mode de fusion, est
celui des minéraux qui commencent par
se boursouffler au premier coup de feu, et
qui demeurent ensuite très-réfractaires;
tels sont les schorls verts du Dauphiné,
la déodatite, etc.

5°. Une cinquième manière d'agir de
la flamme du chalumeau, est de produire
un gonflement presque imperceptible, en
développant dans l'intérieur du corps de
petites bulles, sans que ce corps coule ou
prenne la forme de globules, et sans que
la figure et les proportions de ses dimensions paroissent sensiblement altérées.

C'est ainsi que la flamme agit sur la cornaline rouge.

6°. Enfin, il se trouve des fossiles qui, étant réfractaires et composés de grains qui n'adhèrent entr'eux que par des contacts peu multipliés, ne se réunissent point par la fusion; mais ils forment de petits grains fondus et isolés. L'émeril est très-caractérisé dans ce genre.

Après avoir distingué les différens genres de fusions que l'on obtient par le moyen du chalumeau, M. de Saussure a cherché à déterminer les degrés de fusibilité des corps par le diamètre des globules de verre; et, après avoir connu les degrés de chaleur, pris au pyromètre de M. Wedgood, nécessaires pour fondre un cube de verre à vitre et un cube de feld-spath, et comparant ensuite le rapport des diamètres des globules de verre et de feldspath que l'on forme au chalumeau, l'on reconnoît à combien de degrés de M. Wedgood répond le rapport de ces diamètres.

On verra, d'après les moyens de mesurer la chaleur, que dans le pyromètre de M. Wedgood, l'action du feu s'augmente, passé quelques limites, avec une rapidité dont nos sens ne peuvent pas être juges : le degré de la fonte du cuivre est exprimé par le nombre 27; celui de la fonte de la gueuse égale 130 : cette différence est si extraordinaire, que personne n'auroit pu l'imaginer.

Il faut donc, pour faire des expériences comparatives, employer la flamme d'une bougie constamment égale, un air à-peu-près toujours le même, un courant continu, rapide et volumineux.

Toutes ces conditions rendent les expériences délicates, et font que les résultats n'en sont pas toujours essentiellement comparables.

Dès que le gaz oxigène fut connu, on conçut la possibilité d'en tirer avantage pour produire un degré de chaleur supérieur à tout ce que nous avions obtenu jusqu'alors.

M. Achard de Berlin paroît avoir été le

premier qui ait employé ce gaz à la fusion :
il se servoit de vessies attachées les unes
aux autres , et communiquant entr'elles
par des tubes de verre ; il portoit le courant de gaz oxigène sur la flamme d'une
lampe. Il fondit par ce moyen le platine
et le fer. (*Nouveaux Mémoires de Berlin*,
1779.)

Lavoisier publia, en 1782 , une description détaillée d'un appareil propre à
recevoir et fournir commodément le gaz
pour le pousser contre le combustible embrasé. Il prouva, par une suite considérable
d'expériences consignées dans trois Mémoires qui ont paru successivement ,en
1782 et 1783 , qu'on pouvoit obtenir ,
par ce moyen, un degré de chaleur supérieur à celui qu'avoient pu produire les
meilleurs verres ardens.

Cette espèce de soufflet hydrostatique
a été ensuite perfectionné par Meunier ,
qui en fit construire deux, dont on peut
voir la description et la figure dans les
Élémens de Chimie de Lavoisier, et dans

un Mémoire que Meunier lui-même a publié à ce sujet.

Les expériences de Lavoisier ont été faites avec le gaz oxigène, extrait de l'oxide rouge de mercure. Celui qu'on retire du nitrate de potasse a paru moins actif.

Successivement Gullisch (*Annales de Chimie*, 1784), Guttling (*Acta Acad. Morgantinæ*, 1784), Furstenberger, Geijer, Ingenhousz, Ehrmann et autres, ont fondu avec ce gaz et varié les appareils employés à le recueillir et à le souffler.

Ehrmann sur-tout a fait une suite d'expériences très-nombreuses, sur l'action du gaz oxigène sur les divers corps; et il en a publié les résultats en 1787, dans son *Essai d'un Art de fusion à l'aide de l'air du feu, ou air vital.*

M. Guyton-Morveau a repris ces expériences à l'École Polytechnique, et en a consigné les résultats dans le journal de cette École : son appareil consiste en une vessie munie de son ajutage , dont il pousse le gaz oxigène sur la flamme d'une chandelle , et présente au dard lumineux le corps qu'il veut essayer.

On peut se borner à souffler le courant de gaz oxigène sur le charbon légèrement embrasé , dans lequel on pratique une légère excavation , pour y déposer la matière à essayer.

SECTION V.

Application des principes précédens aux Fourneaux de fusion.

On peut définir la *fusion*, le passage d'un corps solide à l'état liquide par l'action du calorique.

Les fourneaux de fusion sont généralement employés au travail des métaux, des pierres ou des verres.

On les alimente avec le charbon ou le bois, selon la facilité plus ou moins grande de se pourvoir de l'un ou de l'autre de

ces combustibles, et selon la nature des
substances qu'on traite : on fond et réduit,
par exemple, les mines réfractaires, telles
que celles de fer, avec le charbon de bois
de préférence à la houille, qui rend les
métaux plus ou moins cassans ; on chauffe
les fourneaux de verrerie où l'on travaille
le cristal, avec le bois sec ; et, si l'on emploie la houille, on a soin de garantir la
matière qu'on travaille du contact de la
fumée fuligineuse, en recouvrant les
pots.

L'air est poussé dans le foyer, tantôt
par un courant d'air libre, tantôt par des
soufflets ou des trompes : nous trouvons
dans la première classe les fours de verrerie, ceux de réverbère, etc. : dans la
seconde, les forges, les fourneaux à manche, etc.

Cette distinction en *fourneaux à soufflets* ou *à courant forcé*, et *fourneaux à
courant d'air libre*, est d'autant plus nécessaire à établir, que leur construction est

toute différente. Nous allons les examiner séparément.

ARTICLE PREMIER.

Fourneaux à soufflets ou à courant forcé.

LE fourneau à soufflet le plus simple de tous, est la forge d'un maréchal : sa construction, aussi simple qu'économique, permet à l'artiste de chauffer commodément et successivement toutes les parties d'une longue barre de fer, et donne de la facilité pour attiser, remuer, enlever, replacer, etc. et juger, à chaque instant, du degré de chaleur et de l'état du métal.

La forge d'un laboratoire de chimie ne diffère de celle du maréchal qu'en ce que le combustible est contenu dans une portion de cylindre qui a, pour l'ordinaire, 10 à 12 pouces (3 décimètres) de largeur sur 6 à 7 pouces (2 décimètres) de profondeur. On la recouvre ordinairement d'un dôme percé d'une cheminée dans son milieu. Ce fourneau est d'un

grand usage dans nos laboratoires, non-
seulement pour tous les cas où il s'agit de
fondre ou de calciner quelque matière;
mais même lorsqu'on veut monter d'autres
appareils et allumer du charbon pour en
conduire les opérations. *Voy. fig. 1, pl. 1.*

Mais le fourneau de forge qu'on trouve
le plus communément dans nos laboratoires, et qu'on achète chez les fournalistes, ne produit que des effets très-mé-
diocres, en comparaison de la forge à triple courant d'air, qui a été construite,
en premier lieu, dans le laboratoire de
l'Ecole des Mines, et qui est établie aujourd'hui dans beaucoup d'autres. L'air
qui s'échappe du soufflet par un tuyau
très-large, se rend dans un réservoir cylindrique de la largeur d'environ 9 à 10
pouces (2 décim. $\frac{1}{2}$): à sa partie inférieure
sont adaptés trois tuyaux d'environ un
pouce ($\frac{1}{3}$ de décim.) de largeur, et qui portent l'air dans la forge par trois ouvertures différentes pratiquées, à deux doigts
du fond, sur le milieu de trois côtés de

la forge. La forge est construite en briques
solidement assujéties par des bandes de fer
qui en entourent l'extérieur; elle a 12 à 15
pouces (4 décim.) de hauteur sur 7 à 8 pouces de large (2 décim. $\frac{1}{3}$); à la hauteur de
6 pouces (2 décim.) du fond, elle s'élargit
d'un à deux pouces. *Voy. fig. 2 et 3, pl. 1.*

Les vaisseaux dont on se sert pour
exposer les matières minérales à l'action
du feu dans les forges, sont appelés *creusets* ; ils ont assez constamment la forme
d'un cône tronqué au sommet. (*Fig. 4, pl. 1.*)

Dans les ateliers en grand, tels que les
verreries, on emploie des pots ou creusets
qui contiennent jusqu'à 8 à 10 quintaux
(40 à 50 myriagrammes) de matière, et la
forme qu'on leur donne est celle d'une
portion de cylindre, parce que, outre
qu'elle résiste davantage à l'effort de la
masse que renferme le vase, elle est d'une
construction plus facile.

Les creusets sont de terre, de plombagine ou de métal : on peut en fabriquer
avec l'argile et le sable qui n'éclatent

point et n'entrent pas en fusion au degré
de feu qu'on leur applique; ceux de Hesse
sont de ce genre. Mais ces vases présentent
l'inconvénient de mêler quelques parties
de leurs principes avec les substances
qu'on y traite, sur-tout si ces dernières
sont de la nature des alkalis, des acides ou
des sels : c'est ce qui a forcé les chimistes
à les remplacer, pour ces dernières opérations, par des creusets de platine ou
d'argent; et à borner leur usage aux travaux qu'on exécute sur les métaux.

Les creusets de plombagine se fabri-
quent à Passaw, avec le minerai de ce
nom et un peu d'argile qu'on pétrit ensemble pour donner au mélange la consistance convenable : ceux-ci résistent au
feu le plus violent de nos fourneaux, et
sont très-employés pour la fonte des métaux dans les ateliers des monnoies. Mais
la nature de leurs principes constituans,
fer, carbone et argile, en restreint les
usages, et ne permet pas de s'en servir
pour traiter des sels.

Les creusets qui réunissent le plus de qualités, sont ceux de platine : ce métal, infusible au degré de feu qu'on obtient par nos fourneaux de fusion, est encore inattaquable par les acides purs, les sels et les alkalis. Il possède donc toutes les propriétés desirables pour servir à nos analyses : il est malheureux que la rareté de ce métal et la difficulté de le travailler, rendent les vaisseaux de platine si chers.

Les creusets d'argent possèdent une partie des propriétés de ceux de platine, en ce qu'ils ne se laissent attaquer ni par les alkalis, ni par les sels neutres; mais ils ne supportent pas le même degré de feu et ne peuvent pas les remplacer dans tous les cas.

Les creusets de fer résistent assez bien à la chaleur : mais l'air, aidé de l'action du feu, les oxide très-promptement; les matières salines les dévorent; quelques métaux s'y allient; les terres même s'y colorent : de sorte que ces creusets ne peuvent servir pour la fusion que dans bien peu de cas.

Lorsqu'on met un creuset à la forge, on le place sur un petit support de terre, rond, de la largeur du fond du creuset, et bien réfractaire. Le support élève le creuset de manière que le bas soit au niveau des ouvertures par où arrive l'air du soufflet. Lorsque la matière qu'on veut fondre est mise dans le creuset, on le recouvre d'un couvercle de même pâte que lui pour éviter que le charbon ne tombe dans l'intérieur. Dès que la matière est fondue et qu'on a le projet de la couler dans des lingotières *(Fig. 5, pl. 1.)* ou dans des moules, on saisit le creuset avec des pinces courbes qui l'embrassent dans toute sa circonférence et ne donnent lieu à aucun accident. (*Fig. 6, pl. 1.*)

Les creusets qu'on emploie dans les verreries, sont composés d'argile crue mêlée, dans des proportions convenables, avec l'argile cuite provenant des débris de vieux pots. Ici le sable quartzeux ne sauroit être employé, parce que les alkalis formant la base de la composition du verre, ils dissoudroient la partie quartzeuse des creusets et hâteroient leur destruction. C'est sur-tout dans la composition de ces creusets qu'il faut employer le plus grand soin, parce qu'étant exposés sans interruption à l'action dévorante d'un feu très-actif, et à l'effort que fait sur eux la masse énorme de matière qu'ils renferment, ils doivent opposer une résistance égale sur tous les points, et ne se laisser entamer nulle part, ni par le feu, ni par la matière en fusion. On sentira bien mieux encore combien il importe de soigner le choix des matières et la fabrication des pots de verrerie, lorsqu'on considérera que ces creusets, dont la fabrication est très-coûteuse, entraînent une suspension de travaux ou occasionnent au moins un dérangement considérable lorsqu'on est forcé de les remplacer.

Dans les travaux qu'on exécute sur les mines pour en extraire le métal par la fonte, on emploie généralement de gros soufflets construits en bois et à un seul fond, de manière que, pour obtenir un courant d'air continu, on est forcé de placer deux soufflets à côté l'un de l'autre, et de les faire agir alternativement. Ce qui se pratique presque par-tout à l'aide de l'arbre d'une roue mue par l'eau, armé de mentonnets.

L'usage des trompes a été introduit dans beaucoup de travaux, et l'effet que je leur ai vu produire m'a convaincu que, non-seulement l'air qu'elles donnent attise mieux, mais que leur effet est infiniment supérieur à celui des plus forts soufflets. Je donnerai ici la figure et les dimensions de la trompe qui, jusqu'ici, m'a paru produire le meilleur effet. *V.fig.* 1 *et* 2, *pl.* 2.

Soit un tonneau *d d d d,* large de 4 pieds 6 pouces (un mètre $\frac{1}{2}$), haut de 4 pieds 8 pouces (un mètre 6 décim.), défoncé par le bas, et dont les parois inférieures plongent dans l'eau à 7 pouces $\frac{1}{2}$ (2 décim.) de profondeur. Au milieu de ce tonneau, est placée une pierre *e*, arrondie par sa partie supérieure, plongeant dans l'eau par sa base, et s'élevant au-dessus de la surface de ce liquide d'environ 11 pouces (3 décim.). Sur un des côtés de la partie supérieure du tonneau, on pratique un trou pour y adapter un tuyau de cuir destiné à porter l'air dans les foyers qui doivent en être alimentés. Du fond supérieur de ce tonneau s'élève un cylindre creux de la hauteur de 18 pieds (6 mètres), sur une largeur, dans sa cavité, de 18 pouces (5 décimètres).

Ce cylindre se rétrécit à la partie supérieure, et s'ouvre au-dehors par quatre ouvertures d'environ 5 pouces (un décimètre $\frac{1}{2}$) de largeur, placées sur les quatre faces du cylindre *ce*. Ces ouvertures s'appellent *trompilles*.

Le cylindre est surmonté d'un cône creux dont la base forme une des parois des trompilles. Ce cône a 6 pieds (2 mètres) de haut. Son évasement supérieur est de 18 pouces (5 décim.), son ouverture du bas est de 5 pouces (un décimètre $\frac{1}{2}$).

Il suffit de cette courte description pour faire connoître l'action de la trompe : en effet, on emmène un courant d'eau au-dessus de l'entonnoir qui couronne la trompe ; le courant se précipite dans l'arbre de la trompe, et va se briser contre la pierre qui est placée au milieu du tonneau ; l'air qui s'en dégage ne pouvant plus regagner le haut, par rapport à la chute continuelle de l'eau, est forcé de s'échapper par l'ouverture latérale *g*, qui le transmet au foyer.

Dans quelques ateliers d'exploitation, on a supprimé les trompilles, de sorte que la trompe ne forme plus qu'un cylindre creux surmonté d'un entonnoir renversé et appuyé sur le tonneau : mais je suis loin de regarder les trompilles comme inutiles ; j'ai vu constamment que, lorsque l'eau se précipite dans l'arbre, un courant rapide d'air est entraîné dans les trompilles avec une telle impétuosité, qu'un mouchoir, présenté à leur ouverture, est poussé avec force dans l'intérieur.

Ainsi l'air des trompes provient non-seulement de celui qui est dans l'eau ; mais encore du courant qui s'établit par les trompilles....

J'ai fait une expérience qui prouve que l'eau la plus tranquille contient une quantité très-considérable d'air qu'on peut en dégager par le simple choc ou par la chute de ce liquide : il suffit, pour cela, de placer un tuyau de métal au fond d'une cuve remplie d'eau, et de la précipiter dans un tonneau placé sous le tuyau et disposé comme dans les trompes ordinaires. On dégage, par ce moyen, une quantité énorme d'air : mais ce qui a lieu de surprendre, c'est que, si on reporte l'eau dans la cuve et qu'on la précipite de la même manière, elle fournit encore, à plusieurs reprises, une abondance d'air très-considérable.

Dans les grands ateliers où l'on est dans le cas de fondre à-la-fois des quantités considérables de matière, on construit les fourneaux en briques ; du moins on

en revêt l'intérieur de la maçonnerie. Ces
briques doivent être parfaitement réfractaires : nous ne pourrions répéter, à ce
sujet, que ce que nous avons dit des fourneaux et des creusets, si nous voulions
entrer dans quelques détails sur le soin
qu'on doit donner au choix des matériaux qu'on emploie dans leur composition.

La forme des fourneaux de fusion à
soufflets, varie selon la nature du minerai
qu'on travaille : nous nous engagerions
dans une trop longue discussion, si nous
voulions les faire connoître toutes. Nous
nous bornerons à présenter ici la figure
de celui qui est le plus généralement employé à la fonte du minerai de fer. *Voyez
fig. 3 et 4, pag. 2.*

Dans tous les fourneaux, le minerai
est projeté sur le combustible qui forme
une masse épaisse, de manière qu'en passant à travers, il s'échauffe, se réduit, et
est à l'état de fonte avant d'être parvenu
à la tuyère, où il reçoit le plus violent

coup de feu, et où la matière s'épure par la chaleur et le repos.

ARTICLE II.

Fourneau à aspiration ou à courant libre.

LA chaleur d'un fourneau est d'autant plus forte, que l'aspiration est plus rapide; et celle-ci dépend essentiellement des proportions qu'on donne aux diverses parties qui composent le fourneau.

Dans tout fourneau à courant libre, on doit distinguer avec soin le cendrier, le foyer et la cheminée. Dans plusieurs, il existe une quatrième partie, qu'on appelle presque indistinctement, la *sole*, l'*aire*, le *laboratoire*; c'est par-tout un espace compris entre le foyer et la cheminée, dans lequel on place le métal qu'on veut fondre.

On subdivise la sole en deux parties, dont l'une s'appelle l'*autel*, et l'autre le *creuset* : la première est voisine du foyer; c'est là qu'on place le métal qu'on veut fondre : la seconde est la partie opposée, voisine de la base de la cheminée ; elle reçoit le métal à mesure qu'il coule.

Le cendrier doit être large, profond et à l'abri des courans trop rapides de l'air extérieur. Il est séparé du foyer par une grille qui supporte le combustible, et dont les barreaux doivent présenter entr'eux un intervalle qui soit tel, que le charbon menu ne puisse pas tomber, et que néanmoins il ne s'y forme pas engorgement, au point d'intercepter le passage de l'air. Pour bien juger de l'aspiration du fourneau, et prévenir l'engorgement de la grille, on peut placer un vase rempli d'eau sur le sol du cendrier ; la lumière vive de la grille qui s'y réfléchit, indique, à chaque instant, quels sont les points qui sont engorgés ; et on se hâte d'y rétablir l'aspiration, en soulevant avec une pointe de fer les matériaux qui obstruent, et en faisant couler les scories.

Nous nous bornerons à donner ici une figure de trois fourneaux de fusion à courant libre, qui produisent le plus d'effet, et qui sont les plus généralement employés dans les opérations.

Le premier (*Fig. 1, pl. 3.*) est le fourneau de fusion de nos laboratoires, perfectionné par Lavoisier : il repose sur un trépied, et aspire l'air par tout son fond, qui est ouvert. On l'emploie avec le plus grand succès pour fondre dans des creusets. Il est réduit ici au douzième de ses dimensions naturelles.

Le second (*Fig. 2, pl. 3.*) est un fourneau de fusion, très-employé pour la fonte des métaux dans les ateliers monétaires.

Dans ces deux fourneaux, le foyer et le laboratoire sont confondus : le creuset se place dans le foyer, et on le recouvre de charbon.

Mais nous avons déjà observé qu'il existoit des fourneaux où le laboratoire étoit intermédiaire entre le foyer et la cheminée : ici, la flamme qui s'élève du foyer va frapper contre la voûte de l'aire

ou laboratoire, et se précipite avec violence sur le sol où se trouve la matière à
fondre : c'est ce qui a fait appeler ces fourneaux, *fourneaux de réverbère*. Ils servent à fondre les métaux qu'on veut couler. (*Voyez* la *fig. 3, pl. 3.*) On les emploie
quelquefois à calciner ou à oxider les substances métalliques ; souvent même à
extraire de leurs minerais, les métaux
les plus fusibles, tels que le plomb : dans
ce dernier cas, on est forcé de brasser le
minerai avec du charbon de bois, tant
pour réduire le métal, que pour prévenir
son oxidation ultérieure.

Il suffit de jeter un coup-d'œil sur la
construction des deux premiers fourneaux
à courant libre, pour voir qu'on ne peut
pas y employer le bois pour combustible ;
mais il n'en est pas de même du troisième ;
là, comme l'effet ne se produit qu'à une
certaine distance du foyer, il est dû en
entier à la flamme, et le bois sec produit
les plus heureux effets dans cette circonstance.

Lorsque le fourneau est alimenté par le charbon, on le jette quelquefois par une ouverture qu'on pratique perpendiculairement au foyer dans la voûte qui le recouvre. Plus souvent on l'introduit par des ouvertures latérales, pratiquées presqu'au niveau de la grille; et on bouche ces ouvertures par le charbon lui-même, de sorte qu'on ne fait que le pousser vers le foyer, à mesure qu'il en a besoin.

La seule modification qu'on apporte au fourneau de réverbère, lorsqu'on l'alimente avec le bois, c'est de baisser la grille, attendu que la flamme, qui est plus forte, pourroit traverser la sole et se perdre en partie dans la cheminée.

SECTION VI.

Application des principes précédens aux Fourneaux d'évaporation.

On appelle *évaporation*, la conversion

d'un liquide en vapeurs par le moyen du calorique.

Cette opération a pour but, ou de séparer l'une de l'autre des matières, dont l'une au moins est liquide, et qui ont un degré de volatilité très-différent : ou de rapprocher une solution par la soustraction d'une portion du liquide, afin d'obtenir séparément la substance qui est dans le liquide.

L'évaporation s'exécute dans des fourneaux qu'on appelle *fourneaux évaporatoires*, à raison de leur usage.

Le fourneau évaporatoire est généralement composé de deux pièces distinctes: on appelle l'une le *cendrier* et l'autre le *foyer*. Elles sont séparées par une grille qui supporte le combustible : chacune de ces parties a une ouverture, dont l'une sert à l'entrée de l'air et à l'extraction des cendres, et l'autre facilite le service du combustible.

Dans les ateliers où l'on n'emploie que le bois, on supprime le cendrier : et, dans ce cas, le courant d'air s'établit par la porte du foyer, où l'on a soin d'entretenir du charbon allumé ou du bois, pour que l'air frais n'aille pas frapper les vases évaporatoires, et modérer la chaleur.

Le fourneau évaporatoire le plus simple de tous est celui de nos laboratoires : il a la forme d'une portion de cylindre évasé par le haut; son bord supérieur présente trois ou quatre crénelures ou échancrures profondes pratiquées dans l'épaisseur des parois pour livrer passage au courant d'air qui, après avoir attisé le combustible, doit s'échapper du fourneau. (*Voyez fig. 1, pl. 4.*)

On peut observer une grande variété dans les fourneaux évaporatoires dont on se sert dans les ateliers. La forme des vaisseaux employés à l'évaporation et la nature de la substance qu'on évapore doivent nécessairement apporter beaucoup de modifications dans leur construction; nous nous bornerons à faire connoître les principales.

Nous pouvons regarder les chaudières
dont on se sert dans les fabriques comme
les vaisseaux évaporatoires les plus communs : elles servent à rapprocher des
liquides pour les épaissir, ou pour en séparer des sels et autres substances qui
peuvent y être contenues. La forme qu'on
leur donne ordinairement est celle d'un
carré long; quelquefois elle est ronde. •

Avant que la construction des fourneaux eût reçu les perfectionnemens qu'on
lui a donnés de nos jours, on se bornoit à
établir une chaudière sur quatre murs,
de manière que le foyer en occupât toute
la largeur et longueur, à l'exception d'environ 3 à 4 pouces (un décim.) de chaque
côté, par lesquels la chaudière reposoit sur
les murs : une porte pratiquée au milieu
d'un des murs des extrémités facilitoit le
service du combustible et donnoit entrée
à l'air; la cheminée étoit construite vis-
à-vis et à l'autre extrémité.

On sent aisément, d'après l'idée que
nous donnons de la construction vicieuse

de nos anciens fourneaux, que le courant d'air qui s'établissoit entre la chaudière et le sol du foyer entraînoit la chaleur et la précipitoit presque en entier dans la cheminée; de sorte qu'il falloit un temps très-long et une énorme quantité de combustible pour produire une évaporation.

Le progrès des lumières, et le besoin d'économiser le temps et le combustible, ont dû apporter des changemens dans la construction des fourneaux dont nous allons nous occuper.

Une construction de fourneau ne peut être réputée bonne qu'autant que la chaleur s'applique également sur tous les points de la surface du vase évaporatoire, et que toute celle qui se développe par la combustion est mise à profit.

On peut donc déclarer qu'il existe des imperfections :

1°. Toutes les fois qu'on ne chauffe qu'une des surfaces, parce qu'alors la masse générale du liquide ne s'échauffe qu'autant que la portion du fourneau et du liquide

I.   12

qui reçoit directement la chaleur la lui transmet; de manière que l'opération est plus longue.

2°. Toutes les fois qu'on voit fumer la cheminée : car cette fumée, toute composée de corps combustibles entraînés par le courant, annonce qu'ils ont échappé à la combustion.

3°. Toutes les fois qu'on sent l'impression d'une chaleur vive dans le courant d'air qui sort par la cheminée.

En apportant quelques changemens dans chacune des parties qui composent un fourneau d'évaporation, on est parvenu à approcher de bien près de la perfection.

Lorsqu'on emploie le charbon, et que par conséquent il faut pratiquer un cendrier, on a soin de le rendre profond, tant pour éviter que le menu charbon qui tombe embrasé et la chaleur de la grille ne chauffent l'air qui aborde, que pour le mettre à l'abri des courans d'air extérieurs qui, variant sans cesse de force et de direction, rendent la combustion inégale.

Le foyer et la cheminée demandent sur-tout une grande attention. La grille doit occuper les deux tiers de la longueur, et un tiers de la largeur d'une chaudière oblongue; elle doit être placée à environ 3 pouces (un décim.) plus bas que le niveau de la pierre sur laquelle repose la porte, de manière qu'il y ait une pente dans l'épaisseur du mur contre lequel la grille vient s'appuyer. La grille doit être formée de barres de fer posées librement et sans liens sur des soutiens de même métal placés en travers et à environ un pouce de distance l'un de l'autre (en fixant ou assujétissant les barres de fer, on les expose à se tourmenter et à se déjeter par le changement de dimensions qu'elles éprouvent lorsqu'elles passent successivement du froid au chaud et du chaud au froid). La chaudière doit être placée à 10 ou 15 pouces (3 à 5 décim.) au-dessus de la grille; la nature du combustible détermine sur-tout la hauteur, et on

la gradue selon qu'il donne plus ou moins
de flamme, ou qu'il brûle avec plus ou
moins d'activité.

La chaleur qui s'élève d'un foyer, exerce
son *maximum* d'action à une hauteur qu'il
faut connoître, mais qui varie d'après les
causes que nous venons d'indiquer. En
général, le combustible qui développe
beaucoup de flamme, exige une hauteur
plus élevée; celui qui brûle avec violence,
et laisse peu de résidu, en demande une
plus basse. Mais c'est toujours entre ces
deux extrêmes qu'il faut prendre l'éléva-
tion convenable.

Lorsqu'on a à placer une chaudière
ronde sur un fourneau, il faut encore
apporter quelques modifications à la construction de ce dernier, sur-tout dans ce
qui regarde l'emplacement de la grille.
Dans presque tous les ateliers, on pose
la chaudière, de manière que le milieu
du fond réponde au milieu de la grille;
cette disposition seroit la meilleure, si la
chaleur du foyer s'élevoit perpendicu-

lairement pour frapper la chaudière ; mais
le courant d'air qui entraîne la flamme,
et qui tend à gagner la cheminée, lui
donne une direction oblique ; de sorte
que le courant de chaleur ne frappe que
la partie de la chaudière la plus proche de
la cheminée. Pour obvier à cet inconvénient, il suffit de porter la grille en
avant, de manière que le bord de la grille
du côté de la cheminée, réponde au milieu de la chaudière, et que le côté de
la porte du foyer soit perpendiculaire au
bord antérieur, comme on le voit dans
la *fig. 1, pl. 5*. Dans cette position, la
flamme qui s'élève du foyer fouette fortement contre toute la surface du fond
de la chaudière avant d'aller se perdre
dans la cheminée.

Mais c'est sur-tout dans la direction
des cheminées qu'on a opéré, de nos jours,
les plus heureux changemens : au lieu de
s'élever perpendiculairement en partant
du foyer, on les oblige à ceindre le flanc
des chaudières et à tourner autour avant

d'arriver à la cheminée perpendiculaire,
qui va se perdre dans les airs; de manière
que le reste de la chaleur qui s'échappe
du foyer est appliqué sur les surfaces des
parois latérales des chaudières, et s'y
dépose.

Quelquefois, au fond du foyer, vis-à-
vis la porte, sont pratiquées deux ouvertures qui forment la naissance des cheminées tournantes, et qui viennent se réunir au-dessus de la porte du foyer en un
seul tuyau, par lequel le courant d'air
qui a servi à alimenter le feu s'échappe
dans l'atmosphère. (*Voyez fig. 2, pl. 5.*)
Dans ce cas, la cheminée perpendiculaire
est au-dessus de la porte du foyer.

Mais plus souvent le courant ne sort
du foyer que par une ouverture; alors la
cheminée tournante se termine dans la
cheminée perpendiculaire, à l'extrémité
opposée à celle du foyer et du cendrier.
Voyez fig. 3, pl. 5.

Lorsque les chaudières sont très-gran-

des, et qu'il est difficile, sans employer
une énorme quantité de combustible,
d'en échauffer la base, on y pratique
encore des cheminées tournantes, qui vont
s'ouvrir dans celles qui règnent tout autour. *Voyez fig. 4, pl. 5.*

Cette dernière construction a l'avantage de soutenir les chaudières, et d'empêcher qu'elles ne se *bombent*, ce qui
arrive sur-tout aux chaudières de plomb
et de cuivre, et en occasionne une prompte
destruction.

Les murs qui séparent les tournans de
la cheminée au-dessous de la chaudière,
doivent être peu épais; leur largeur sera
à-peu-près celle d'une brique.

Au moment de placer la chaudière, on
doit recouvrir la surface supérieure de
ces cloisons d'une couche de lut, fait
avec le crotin de cheval et l'argile pétris
ensemble, pour que la chaudière touche
par tous les points, et que la flamme ou
le courant d'air qui sort du foyer soit

forcé de parcourir toute l'étendue de la cheminée.

Le fourneau dont nous parlons en ce moment, présente sur-tout un très-grand avantage, lorsqu'on se sert du bois pour combustible, parce que la flamme qu'il produit parcourt les sinuosités de la cheminée dans presque toute leur étendue; et que la chaleur est appliquée sur toutes les surfaces de la chaudière.

Quels que soient les avantages que présente la cheminée tournante dans les fourneaux, il est des cas où il seroit dangereux de la pratiquer : par exemple, lorsqu'on rapproche le savon pour en opérer une cuisson convenable ; non-seulement on brûleroit le savon en chauffant les parois de la chaudière sur toute la hauteur, mais on détermineroit encore un boursoufflement difficile à maîtriser. Aussi, dans les ateliers de savonnerie, ne construit-on en cuivre que le fond des chaudières, et le reste en pierres de taille solidement assemblées.

Une autre différence que présentent les chaudières destinées à la cuite des savons, c'est que la grille, au lieu d'être en avant, à côté de la porte du foyer, est placée derrière le fond de la chaudière, et que la cheminée est immédiatement au-dessus de la porte du foyer; de sorte que la flamme du combustible vient directement vers la porte du foyer pour gagner la cheminée en passant sous la chaudière; et c'est ici, comme l'on voit, une marche ou une direction opposée à celle qu'elle suit dans les autres fourneaux. (*Voyez fig. 1, pl. 6.*) On a adopté cette forme bizarre de construction, parce qu'on a observé que, par ce moyen, l'action de la chaleur étoit administrée d'une manière plus égale que dans les autres fourneaux.

Il nous reste à parler maintenant des vaisseaux évaporatoires, qui sont, ainsi que nous l'avons dit, les vases dans lesquels sont contenus les liquides qu'on évapore.

Les vaisseaux évaporatoires sont de métal, de verre, de porcelaine ou de grès. On les appelle *chaudières*, *bassines*, *capsules*, selon leur grandeur.

Une chaudière est solidement établie dans un fourneau ; la forme est ronde, carrée ou oblongue ; elle est de cuivre, de fer, d'étain ou de plomb, selon la nature des substances qu'on y travaille. Celles de cuivre sont employées dans les teintures, et généralement dans toutes les opérations qu'on exécute sur les végétaux pour en extraire quelques principes. Celles de fer sont en usage dans les fabriques où l'on extrait le salin et dans celles où l'on rapproche des dissolutions de sels neutres. Celles de plomb, moins attaquables que ces dernières par les dissolutions salines, servent dans les fabriques d'alun, de couperose, d'huile de vitriol, etc.; je ne connois qu'un usage à celles d'étain, c'est celui auquel on les fait servir dans les teintures pour y délayer la *composition* ou le mordant de l'écarlate, parce que cette liqueur acide attaque plus ou moins les autres métaux, et que la couleur en est obscurcie et altérée.

La forme des chaudières m'a toujours paru indifférente lorsque les fourneaux étoient bien construits. Il est vrai de dire, cependant, que les formes rondes s'échauffent plus aisément que les autres, et que ces chaudières se dégradent plus difficilement : je les préférerois donc toutes les fois qu'il ne s'agit que d'évaporer ; mais, lorsqu'on est obligé de travailler dans le bain de la chaudière, les manipulations deviennent plus faciles avec la forme carrée : ainsi, c'est à la nature des opérations à décider sur la forme qu'il faut adopter.

Le fond plat des chaudières rondes m'a toujours paru présenter des inconvéniens. 1°. Il est difficile d'épuiser un fond de chaudière qui a cette forme ; 2°. les impuretés qui salissent un bain et se déposent sur une grande surface, restent exposées à l'action tumultueuse du liquide ;

3°. le liquide pèse par-tout son poids sur le fond déjà affoibli par la chaleur.

En bombant le fond des chaudières en dedans, de manière à présenter une surface concave au-dehors, on corrige tous ces défauts et on procure d'autres avantages. 1°. Le feu du foyer s'applique d'une manière plus égale sur tous les points, par cela seul que la plus grande chaleur s'élève du milieu; 2°. cette forme, convexe au-dedans, offre plus de résistance à l'effort du liquide et à l'action de la chaleur; 3°. les dépôts qui se forment dans le bain, sont rejetés sur les côtés de la chaudière qui reposent sur la maçonnerie, de manière que le feu y est moins actif, et que, par conséquent, il y a moins de danger qu'ils ne fassent croûte et ne mettent à sec le métal, en s'interposant entre lui et le liquide, ce qui, très-souvent, détermine la fonte de la chaudière. *Voyez fig. 2, pl. 6.*

On a long-temps disputé sur les proportions les plus avantageuses qu'il con-

vient de donner à une chaudière. On peut
déduire aujourd'hui les conséquences suivantes des expériences qui nous sont connues : la quantité de combustible nécessaire pour évaporer, n'augmente pas dans
la même proportion que le volume du
liquide, de sorte qu'il y a de l'avantage à
se servir de grandes chaudières : mais il
faut plus de temps pour porter ces dernières à l'ébullition ; et, comme le temps
est un élément de calcul dans l'intérêt du
fabricant, c'est à lui à déterminer la grandeur de ses chaudières.

M. le comte de Rumford a successivement entretenu bouillantes, pendant une
heure, 440 et 280 livres (42 et 24 myriagrammes) d'eau. Dans le premier cas, il
y a eu 18 livres (9 kilogrammes) d'eau en-
tretenue bouillante par livre de combustible ; dans le second, il n'y en a eu
que 12 livres (6 kilogrammes).

On peut poser en principe, selon M. de
Rumford, que l'économie du combustible
est d'autant plus grande, que le temps

nécessaire pour porter à l'ébullition est plus long.

Les *bassines* dont on se sert dans les ateliers du confiseur et du pharmacien pour concentrer des sucs, faire des décoctions, etc. sont de petites chaudières portatives qu'on place sur le foyer d'un fourneau sans les y assujétir, ou simplement sur un trépied sous lequel on brûle du bois ; elles sont de cuivre ou d'argent : ces dernières doivent être employées dans tous les cas où il faut rapprocher des sucs ou des sels destinés pour la médecine, parce que le cuivre peut être corrodé et dissous, et que ce métal donneroit à ces médicamens des propriétés très-dangereuses. Mais, comme dans nos ménages où l'on prépare des extraits pour servir d'aliment, on ne peut pas avoir à sa disposition des bassines d'argent, on doit au moins apporter la plus grande attention dans l'emploi du cuivre : il faut décaper et frotter avec soin pour enlever la rouille ou le verdet qui se forme si aisément sur les surfaces. Dans le midi, où l'on prépare une grande quantité de l'extrait de raisin qui porte le nom de *raisiné*, on corrige en partie l'inconvénient des bassines de cuivre dans lesquelles se fait cette préparation, en y laissant séjourner, pendant tout le temps de l'opération, des clefs de fer qu'on retire ensuite rouges et encroûtées de cuivre : ici, le fer précipite le cuivre à mesure qu'il se dissout, et prend sa place : le mouvement qu'on imprime au liquide pour faciliter l'évaporation, le frottement qu'on exerce avec des spatules sur les parois du vase pour empêcher que la substance qu'on épaissit ne s'y attache et ne s'y dessèche au point de se charbonner, facilitent l'érosion et la dissolution du cuivre.

Les *capsules* ou vaisseaux évaporatoires employés dans nos laboratoires, ont la forme, en général, de segmens de sphère, et sont de verre, de porcelaine ou de métal.

Les capsules de verre sont les plus em-

ployées; mais celles qu'on fabrique dans les
verreries, ont plusieurs défauts; 1°. elles
sont presque toujours d'une épaisseur
inégale sur les divers points, ce qui, ne
permettant pas une dilatation uniforme
par la chaleur, les expose à casser: 2°. elles
présentent deux à trois pointillons de verre
saillans sur la partie convexe qui provien-
nent de ce que, pour en user les bords,
l'ouvrier a été forcé de les saisir par cette
surface; mais ces points en déterminent
souvent la cassure.

Les meilleures capsules sont celles qu'on
prépare soi-même en coupant en deux
demi-sphères un récipient de verre.

On peut y procéder de diverses manières; 1°. on peut ceindre d'une corde
le récipient à l'endroit même où l'on veut
le couper; on assujétit la corde avec un peu
de lut fait avec l'argile et le crotin de cheval
pétris ensemble; on fait chauffer une tige
de fer garnie d'un manche, et on l'applique rouge sur la partie qu'on veut fendre, en la promenant dans cette direction

dans l'étendue d'environ 3 à 4 pouces (un décim.) Le verre se fend par l'impression de la chaleur, et la fente suit la partie la plus chauffée. Dès que la fente est commencée, on la suit avec le fer, en appuyant toujours, et on sépare le récipient en deux calottes. Je conseille de l'ouvrir dans le sens de l'orifice, parce que chaque capsule est alors munie d'une rainure ou bec très-avantageux pour verser, décanter, etc.

Lorsque, par l'action de la chaleur imprimée par la tige de fer, le vaisseau ne se fend pas, on peut décider la fente en appliquant un corps mouillé sur le point le plus chaud, ou en y jetant une goutte d'eau.

2°. Lorsqu'on veut extraire plusieurs petites capsules d'un même récipient, on applique un anneau de fer rougi au feu sur la partie qu'on veut couper; en un moment la capsule se détache.

Ces capsules, qui ont de grands avantages parce qu'elles sont d'une épaisseur égale sur tous les points, ont les bords tranchans, ce qui en rend le maniement dangereux, et les dispose à se fendre avec une grande facilité : il convient d'user les bords et de les arrondir à la lampe d'émailleur.

Les capsules de verre ne peuvent pas résister à l'action immédiate du feu, sans courir le risque presque certain de casser : pour prévenir cet accident, on les revêt d'un lut d'argile et de crotin de cheval pétris ensemble, et qu'on applique à la main. Dans cet état, elles peuvent servir à l'évaporation, et être exposées à l'action d'une chaleur vive et prompte, sans casser, pourvu, toutefois, que la substance qu'on met dedans soit liquide.

Les capsules de porcelaine et de grès supportent l'application d'une chaleur immédiate sans se rompre : les premières sont d'un très-grand usage ; les secondes le sont un peu moins, parce qu'elles sont toujours plus ou moins poreuses.

Il est des cas où la chaleur qui produit l'évaporation n'agit que sur la surface du liquide : celle qui s'opère au soleil nous en fournit un exemple : et dans les climats du Midi on ne concentre pas différemment les eaux de la mer pour en extraire le sel marin.

On a essayé dans plusieurs ateliers de donner la chaleur en faisant passer le courant d'air chaud sur la surface du liquide, après avoir chauffé la base et les côtés : de sorte que, par cette construction, la chaleur est appliquée à toutes les surfaces ; et que le courant entraîne alors dans la même cheminée les vapeurs de l'évaporation et les résidus volatils de la combustion. Ici l'évaporation est sans doute plus prompte, mais il est à craindre qu'il ne se mêle au liquide beaucoup d'impuretés provenant du foyer ; et cette méthode n'est bonne que pour quelques opérations : on pourroit l'employer, par exemple, lorsqu'on concentre les lessives de cendres pour obtenir le salin ; et, au lieu de se servir de chaudière, il seroit très-économique d'évaporer dans un fourneau de réverbère dont l'aire serviroit à recevoir la liqueur. Le même fourneau pourroit même, sans déplacement, convertir le salin en potasse.

La manière d'appliquer le feu aux vases évaporatoires varie encore d'après la nature des vases et d'après celle des matières qu'on traite.

On connoît trois sortes d'évaporations : l'une se fait à FEU NU, c'est-à-dire que le vase évaporatoire est immédiatement sur le feu ; l'autre se fait au BAIN DE SABLE, c'est-à-dire que le vase évaporatoire se trouve séparé du feu par une couche de sable ; enfin on peut interposer un liquide entre le feu et le vaisseau évaporatoire, et c'est alors ce qu'on appelle une évaporation au BAIN-MARIE.

On doit employer la première méthode ou l'évaporation à feu nu, lorsqu'on peut se servir de vaisseaux qui résistent à l'action du feu, tels que ceux de métal. Celle-ci est la plus prompte et la plus économique, parce que la chaleur s'applique immédiatement au vaisseau évaporatoire ;

mais elle demande beaucoup de soin pour la conduite du feu, non-seulement pour ne donner que le degré de chaleur convenable, mais pour éviter cette marche inégale qui, faisant varier la température du bain, en change la nature du produit. *Voyez fig. 3 et 4, pl. 6.*

Lorsqu'on emploie des vaisseaux fragiles tels que ceux de verre, on évapore au BAIN DE SABLE : en conséquence on recouvre à moitié, d'un sable sec et menu, les vaisseaux évaporatoires ; de telle sorte, que le fond du vase soit séparé du foyer par une couche de ce sable : alors la chaleur du foyer est transmise graduellement par le sable ; et le refroidissement arrive ensuite par degrés insensibles, de manière que le vase évaporatoire ne reçoit l'impression brusque ni du froid ni du chaud, et que l'opération marche avec méthode et régularité lors même qu'on néglige d'entretenir le même degré de chaleur dans le foyer. *Voyez fig. 5, pl. 6.*

Lorsqu'on a à évaporer un liquide très-

léger, on peut placer le vase qui le contient
dans un liquide plus dense. Le degré de
chaleur capable de déterminer l'ébullition
de ce dernier, produira celle de celui qui reçoit sa chaleur ; et, dans ce cas, l'ÉVAPORA-
TION se fait au BAIN-MARIE. On use de cette
méthode toutes les fois qu'on veut séparer
un liquide léger de sa solution ou mélange
dans des liquides plus pesans, ou qu'on veut
dégager une matière très-subtile des corps
avec lesquels elle est en combinaison : elle
a l'avantage sur les deux premières de ne
pas altérer, par un goût de feu, la substance qu'on volatilise. On sent aisément,
d'après ce que nous venons de dire, qu'en
épaississant l'eau par la solution de quelque sel et la rendant par ce moyen moins
vaporable, on peut l'employer à servir de
bain-marie pour la distillation des fluides
qui peuvent ne s'élever qu'au degré de
l'eau bouillante. *Voyez fig. 6, pl. 6.*

Indépendamment de toutes les causes
que nous avons déjà assignées de la fixité
des corps, et qui conséquemment s'oppo-

sent plus ou moins à l'évaporation, il en est une qu'on peut regarder comme principale, puisqu'elle agit par-tout avec une force égale au poids d'une colonne de vingt-huit pouces de mercure; c'est l'air atmosphérique.

Lorsque, à l'aide de la machine pneumatique ou en s'élevant sur le sommet des plus hautes montagnes, on diminue le poids de l'atmosphère, nous voyons plusieurs corps liquides se résoudre en vapeurs et conserver cet état. C'est en partant de ces principes qu'on a proposé successivement divers moyens pour distiller ou évaporer dans le vide; mais, jusqu'à ce jour, les appareils qu'on a fait connoître remplissent imparfaitement le but de leurs auteurs.

SECTION VII.

Application des principes précédens aux Fourneaux de distillation.

La distillation ne diffère de l'évaporation qu'en ce que dans la première on recueille le produit qui s'évapore, tandis que dans la seconde il s'échappe à pure perte dans l'air.

On emploie la distillation pour séparer l'une de l'autre des substances mêlées ensemble : cette séparation ne peut avoir lieu qu'autant qu'il y en a une plus légère que l'autre.

Dans nos laboratoires les distillations se font dans des vaisseaux de verre qu'on appelle *cornues* ; et, dans les ateliers des arts, elles se font dans des vaisseaux de cuivre qu'on nomme *alambics*.

ARTICLE PREMIER.

Distillation à la Cornue.

QUOIQUE le fourneau à bain de sable serve souvent aux distillations à la cornue dans nos laboratoires , néanmoins celui qui est essentiellement affecté à ces sortes d'opérations, est le fourneau de *réverbère.* Ce fourneau est composé de quatre pièces principales , le *cendrier,* le *foyer,* le *laboratoire* et le *dôme* ou *réverbère.* Le laboratoire est formé par une portion de cylindre , qui n'est séparée du foyer que par deux petits barreaux de fer , destinés à supporter la cornue : le dôme recouvre le laboratoire, et est percé dans son milieu pour donner passage au courant d'air qui s'échappe du foyer. Sur les bords du dôme et du laboratoire est pratiquée une échancrure demi-sphérique , pour laisser passer le col de la cornue. *Voyez fig. 1, pl. 7.*

La cornue est le vase dans lequel on

met la matière qu'on soumet à la distillation : sa forme ordinaire est celle d'un
œuf, terminé par un bec incliné et ouvert
à son extrémité. (*Voyez fig. 2, pl. 7.*)
Lorsque la distillation s'établit sur un bain
de sable, on emploie des cornues qui portent une tubulure sur la partie supérieure,
et c'est par elle qu'on introduit la matière
à distiller sans déranger l'appareil. *Voyez
fig. 3, pl. 7.*

On adapte au bec de la cornue un vase
destiné à recevoir le produit de la distillation : on appelle ce vase *récipient;* et c'est,
pour l'ordinaire, une sphère qui présente
deux ouvertures, l'une assez grande pour
recevoir le col de la cornue, l'autre plus
petite, pour donner issue aux gaz et aux
vapeurs qui ne peuvent pas se condenser.
Voyez fig. 4, pl. 7.

Souvent on interpose entre le récipient
et la cornue un vaisseau de verre, qu'on
appelle *alonge*, et qui a le double avantage d'éloigner du feu le récipient, et de

recevoir une partie des produits. *Fig. 5*,
pl. 7.

Mais, si l'on exposoit brusquement une
cornue de verre à l'action du feu, et qu'on
se bornât à appliquer le récipient à la
cornue pour procéder à la distillation,
on courroit le risque de casser la cornue
et de voir s'échapper dans l'air, par les
jointures du récipient avec la cornue,
presque tous les produits de la distillation.
On est parvenu à prévenir ces accidens,
en revêtant la cornue d'un lut qui la dé-
fende de l'impression brusque et immédiate du feu, et en fermant avec précaution toutes les issues de l'appareil.

Je me sers avec avantage, pour luter les
cornues, d'un mélange de terre grasse et
de crotin de cheval. On fait tremper ou
pourrir pendant quelques heures, de la
terre glaise dans l'eau ; et, lorsqu'elle est
bien imprégnée de ce liquide, on la pêtrit
avec le crotin pour en former une pâte
molle, qu'on applique et qu'on étend à
la main sur toute la surface de la cornue

qui doit être exposée à l'action du feu. Le
crotin réunit plusieurs avantages : il contient un suc glaireux qui durcit par la
chaleur, et lie fortement toutes les parties;
lorsque ce suc a été altéré par la fermentation ou la vétusté, le fumier n'a plus la
même vertù. Les filamens, ou brins de
paille, qu'on distingue aisément dans le
crotin, concourent à unir et à enchaîner,
pour ainsi dire, toutes les parties du lut.

Les cornues lutées de cette manière,
résistent très-bien à l'impression du feu;
et l'adhérence du lut à la cornue est telle,
que, lors même qu'une cornue se fend
pendant l'opération, la distillation se soutient et continue. Mais il faut que le lut
soit appliqué avec soin, et qu'il sèche
lentement, pour qu'il ne se crévasse pas;
au reste, on obvie à ce dernier inconvénient, en repassant un peu de lut sur
la cornue, ou en remaniant la première
couche avant qu'elle soit parfaitement
sèche.

Pour s'opposer à la dispersion, dans l'atmosphère, des vapeurs qui montent dans la distillation, on lute encore avec soin les jointures du col du récipient avec le bec de la cornue.

Le lut le plus simple qu'on puisse employer pour cela, est le papier enduit de colle, ou la vessie mouillée avec laquelle on recouvre les jointures : mais ce lut est sujet à se ramollir par le contact des vapeurs ; il peut facilement être corrodé, de sorte qu'on ne s'en sert que pour assujétir d'autres luts qu'on met par-dessous.

Le lut qu'on connoît sous le nom de *lut gras*, est le meilleur de tous : non-seulement il s'applique bien exactement sur les parois du verre, et oppose de la résistance à l'effort des vapeurs, mais il résiste à la corrosion des vapeurs acides. On le fait avec l'*huile de lin cuite*, qu'on pêtrit dans un mortier de fer avec de l'argile bien tamisée : on ne cesse l'opération que lorsque le mélange est devenu très-liant, et qu'il se laisse manier et pêtrir facilement sous les doigts. Lorsqu'on veut l'employer, on en forme, entre les doigts, de petits cylindres, qu'on applique sur les jointures; et, lorsqu'on a bouché toutes les ouvertures, on l'assujétit avec des bandes de papier enduit de colle, ou mieux encore avec des linges imbibés de lut de chaux et de blanc d'œuf. On fait ce dernier lut, en mêlant au blanc d'œuf un peu de chaux vive très-divisée, et battant de suite ce mélange avec une spatule; on le porte, dans le moment, sur des lanières de vieux linge, on l'y étend avec la spatule, et on les applique sur les jointures: ce lut sèche promptement, adhère fortement au verre, et oppose une résistance invincible à l'effort des vapeurs.

Lorsqu'on lute avec le papier ou la vessie, il faut laisser sécher l'appareil; sans cela, les premières vapeurs soulèvent le lut, et il est impossible de coercer celles qui leur succèdent.

Dans les travaux en grand, on lute les jointures avec le même lut qui est employé à luter les cornues: on en applique une

couche très-épaisse qui durcit par la chaleur et résiste à l'effort des vapeurs.

Là, se bornoient nos moyens de conduire une distillation et de condenser les
vapeurs, avant que la chimie moderne
nous eût appris qu'il s'échappoit, dans
presque toutes les distillations, des matières
gazeuzes, incoercibles, dont le chimiste
étoit souvent incommodé, et auxquelles
il faisoit jour en débouchant de temps en
temps la tubulure du récipient; mais qu'il
importoit beaucoup de coercer et de retenir.

Woulf a été le premier à nous faire
connoître un appareil propre à cet usage:
on l'a perfectionné encore depuis la découverte de cet habile chimiste; et je vais
le faire connoître tel qu'il est en usage
aujourd'hui dans nos laboratoires.

Si nous examinons la nature des substances volatiles qui s'élèvent dans la distillation, nous verrons que les unes perdent bientôt le calorique qui les vaporise;
que d'autres ne sauroient se condenser

qu'autant qu'on leur présente un liquide
avec lequel elles puissent se combiner ou
se dissoudre, et qu'il en est une troisième
espèce qui conserve constamment son
état aériforme dès qu'on a rompu, par la
chaleur, les liens qui la retenoient dans
un état de combinaison.

Dans le premier cas, il suffit d'un simple récipient pour opérer la condensation.
Dans le second, il faut faire passer la vapeur ou le gaz à travers le liquide qui
doit l'absorber. Dans le troisième, on peut
présenter des vaisseaux pleins d'eau à la
substance incoercible ; de manière qu'à
mesure qu'ils reçoivent ce gaz, ils se vident
du liquide qu'ils contiennent. La *fig. 1*,
pl. 8, nous donnera une idée plus exacte
de cet appareil.

Entre le récipient et la cuve *ll*, remplie d'eau, on dispose trois flacons à trois
tubulures chacun : on adapte ensuite les
tubes recourbés *ssss*, à l'orifice du récipient et à deux des tubulures de chaque
flacon : l'extrémité du dernier tube est

ouverte sous un bocal plein d'eau, et renversé sur la cuve de manière que ses bords plongent dans l'eau.

La seconde branche de chaque tube plonge profondément dans la capacité des flacons, tandis que l'autre s'ouvre à la partie supérieure.

A la tubulure du milieu de chaque flacon, on a encore adapté un tube qui plonge bien avant dans la capacité, et s'ouvre dans l'air par un godet ou entonnoir pratiqué à son extrémité supérieure.

On a encore soudé au milieu de la courbure, des tubes *s s* des deux extrémités, un tuyau qui porte un renflement vers le milieu de sa tige.

Chaque tube est passé dans un bouchon de liége *oooo*, pour qu'il s'adapte exactement au goulot de chaque flacon : on dispose les bouchons à recevoir les tubes, en les perçant dans leur milieu avec une tige de fer ronde, pointue et rougie au feu.

Cela posé, on verse par les entonnoirs

xxx, l'eau ou le liquide propre à se combiner ou à dissoudre le gaz qui se dégage;
et, comme on connoît la quantité de
liquide nécessaire pour saturer le volume
de gaz qui doit se dégager d'une quantité
donnée de matière soumise à la distillation, on la répartit entre le premier et
le second flacon; on réserve le liquide du
troisième qui ne peut pas se saturer, pour
une seconde opération; et alors on le place
le premier. Le liquide qu'on verse dans
chaque flacon doit recouvrir l'extrémité
des tubes pp, et de la plus longue branche
des tubes sss. On fait couler, en même
temps, dans les petites boules qq, un peu
d'eau.

On conçoit à présent, que s'il s'échappe
une vapeur du récipient, elle sera transmise dans le liquide du premier flacon
par l'extrémité du premier tube qui va
s'y ouvrir; qu'en traversant ce volume
de liquide, elle s'y combinera ou s'y dis-
soudra; que la portion qui ne sera pas
absorbée viendra à la surface et s'échap-

pera par le second tube, pour se rendre dans le liquide du second flacon; de-là, dans le troisième, et de celui-ci, enfin, sous le bocal *m*, dans la capacité duquel elle s'élevera, en déplaçant l'eau qui y est suspendue.

La distillation une fois terminée, on trouvera donc, 1°. dans le récipient, les substances aisément coercibles, etc.; 2°. dans les flacons, les substances gazeuses susceptibles de combinaison ou de solution dans l'eau; 3°. dans le bocal, les gaz incoercibles.

Mais, comme la chaleur a dilaté les substances aériformes contenues dans le récipient et les flacons, il y auroit à craindre que le refroidissement de l'appareil ou la diminution du dégagement de gaz, ne déterminât une pression de la part de l'air extérieur, qui forceroit l'eau de la cuve à passer dans le troisième flacon, lequel se videroit alors dans le second; le second, dans le premier; celui-ci, dans le récipient. Mais M. Welther a obvié à cet

inconvénient de l'appareil de Woulf, en
pratiquant les *tubes de sureté x x x x :* car
il est évident que l'air extérieur doit se
précipiter par ces tubes, et rétablir bientôt l'équilibre, du moment qu'il commence à se faire un peu de vide dans les
vaisseaux. Comme les tubes plongent dans
le liquide des flacons, et que ceux qui
sont soudés sur les courbures, ont un
peu d'eau dans la boule qq qui est le long
de la tige, il n'y a pas possibilité que les
vapeurs qui se dégagent par la distillation,
s'échappent dans l'air.

L'opération de la distillation peut se
faire dans le même appareil sur un bain
de sable, comme on le voit *fig. 2, pl. 8.*

L'appareil dont nous venons de donner
la description est un des perfectionnemens les plus heureux qu'on ait pu introduire dans nos laboratoires ; non-seulement il nous a fourni le moyen de recueillir tous les produits d'une opération,
mais il nous donne la faculté de les obtenir

séparément; il ne laisse plus à craindre
aucun accident d'explosion dans un laboratoire; il ne permet plus aucune volatilisation de substance âcre , piquante ,
dangereuse , toujours incommode pour
l'artiste.

Cet appareil est connu aujourd'hui dans
nos grands ateliers; on s'en sert pour la
préparation de l'acide muriatique , de
l'ammoniaque, etc.

La distillation est une des opérations
qu'on exécute le plus souvent dans les
laboratoires de chimie. Elle est employée
pour séparer les principes constituans d'un
corps, presque toujours susceptibles de se
volatiliser à divers degrés de chaleur ; et
pour recueillir les substances gazeuses
qu'on déplace de leurs combinaisons par
des réactifs doués d'une affinité plus forte
pour la base. L'analyse à la cornue , des matières végétales et animales, nous fournit
une application du premier cas : la décomposition du muriate d'ammoniaque

par la chaux ou du muriate de soude par l'acide sulfurique nous donne un exemple du second. Nous dirons un mot de la distillation d'une plante pour offrir une application des principes que nous avons posés.

La distillation des plantes est presque la seule voie d'analyse végétale qui ait été suivie jusqu'au milieu du dernier siècle. Mais on a pu se convaincre, par l'uniformité des produits qu'on retiroit de presque tous les végétaux, que cette méthode étoit vicieuse : le calorique qui entre comme principe dans la distillation donne une nouvelle forme et imprime un caractère particulier aux substances avec lesquelles il se combine : comme il sépare d'abord les principes les plus élastiques, il détruit la nature des composés auxquels ils appartenoient : il forme de nouvelles combinaisons en isolant et mettant en action des matières qui ont une même volatilité, et qui s'échappent en même temps; de manière qu'il se produit de l'eau,

des acides et de l'ammoniaque qui n'exis-
toient pas dans le végétal. En un mot, les
produits de la distillation d'une plante
ne présentent pas plus la nature et l'état
organique du végétal, que les restes d'un
incendie ne représentent le dessin d'après
lequel l'édifice étoit élevé. Dans l'un comme
dans l'autre cas, on ne retrouve que le
désordre de la décomposition, et un mélange de quelques principes primitifs con-
servés dans leur première nature, avec
beaucoup d'autres qui ont été altérés, et
avec quelques substances de formation
nouvelle. Mais ces produits, quels qu'ils
soient, secondaires ou primitifs, offrent
des qualités dont l'industrie humaine s'est
emparée ; et c'est ce qui fait de la distillation, une opération très-intéressante pour
les arts. C'est par elle qu'on extrait les
huiles volatiles, le principe de l'odeur ou
arome, les eaux distillées, l'acide pyro-
ligneux, le gaz hydrogène, etc.

Mais, comme la plupart de ces opérations s'exécutent en grand, et que quel-

ques-unes forment des arts particuliers dans
la société, tels que ceux du parfumeur
et du distillateur, on emploie de plus
grands vaisseaux que des cornues, et on
se sert des Alambics dont nous allons
nous occuper.

ARTICLE II.

Distillation à l'alambic.

L'Alambic est une espèce de cornue
de métal dont le bec est adapté à un long
tuyau roulé en spirale, et enfermé dans
un cuvier plein d'eau, pour opérer la
condensation des vapeurs.

Quoiqu'on employe l'alambic pour
extraire le principe odorant de plusieurs
substances, ainsi que les huiles volatiles
des plantes, nous ferons l'application des
principes de la distillation à celle des vins,
qui est, sans aucun doute, la plus inté-
ressante de toutes. Les corrections que
nous proposons pour cet appareil de dis-

tillation, peuvent s'appliquer à tous les usages qu'on peut faire de l'alambic.

Les premiers alambics dont on a commencé à se servir dans les temps reculés où la distillation des vins a été connue, étoient des chaudières surmontées d'un long col cylindrique, étroit et coiffé d'une demi-sphère creuse, d'où partoit un tuyau peu large pour porter la liqueur dans le serpentin.

Arnauld de Villeneuve paroît être le premier qui nous ait donné des idées précises sur la distillation des vins; et c'est à lui que nous devons la première description de cette forme d'alambic à très-long col, dont nous retrouvons encore des modèles dans les ateliers de nos parfumeurs.

L'idée où l'on étoit que le produit de la distillation étoit d'autant plus délié, d'autant plus subtil, d'autant plus pur, qu'on l'élevoit plus haut, en le faisant passer à travers des tuyaux plus étroits, a dirigé la construction de ces vaisseaux

distillatoires ; mais on n'a pas été long-
temps à opérer des changemens à cet appareil. On a pensé que c'étoient moins les
obstacles opposés à l'ascension des vapeurs,
que l'art de graduer le feu qui rendoit le
produit d'une distillation plus ou moins
pur.

Mais à l'époque où la science chimique
a commencé à porter un œil plus éclairé
sur les opérations des arts, on a cru pouvoir opérer des changemens plus avantageux à cet appareil distillatoire.

La forme de la chaudière a été jugée
trop haute et pas assez large ; de sorte
que le feu n'en frappant que la base, la
distillation s'établit lentement ; et le dépôt
qui se forme par suite de l'évaporation,
recevant un degré de feu trop violent, il
en contracte un goût de feu désagréable
qui se communique à l'eau-de-vie.

L'étranglement de la partie supérieure
de la chaudière a paru s'opposer à la libre
ascension des vapeurs : on a dit que cette
partie de la chaudière n'étant pas recou-

verte de maçonnerie, et étant frappée par l'air atmosphérique, la température devoit y être plus fraîche que sur les autres points, et que par conséquent, la partie de la colonne de vapeurs qui va en frapper les bords devoit s'y refroidir ; s'y condenser, et retomber en stries dans la chaudière. On a cru pouvoir comparer cette partie découverte de la chaudière, à la portion de la cornue qui, dans la distillation au bain de sable, n'est point recouverte de sable ; et comme on observe, dans ce cas, que la liqueur qui s'élève en vapeurs, se condense en partie et coule en stries sur les parois pour retomber dans la masse, on a conclu qu'un semblable phénomène devoit avoir lieu dans la distillation des vins, lorsqu'elle s'opère dans l'appareil dont nous avons donné la description.

Baumé a comparé l'étranglement qui, dans l'ancien appareil, est pratiqué à la partie supérieure de la chaudière, à une espèce d'éolipyle où les vapeurs ne peuvent passer qu'avec effort : ce qui , selon lui , nécessite l'emploi d'une force d'ascension plus considérable.

On a prétendu encore que le chapiteau étant lui-même exposé à la température de l'air extérieur, il devoit s'y reproduire tous les inconvéniens que nous avons déjà observés, en parlant de l'étranglement de la chaudière à sa partie supérieure.

La manière d'administrer le feu a paru plus vicieuse encore : la chaudière placée sur le foyer n'est frappée directement par la chaleur que dans la surface du fond, de manière que le courant d'air s'établit par la porte, et se précipite dans la cheminée en passant entre le combustible embrasé et le cul de la chaudière.

Il est évident que cette construction de fourneau est très-vicieuse, qu'une très-grande partie de la chaleur s'échappe à pure perte dans la cheminée, et que la chaleurquines'applique au liquidequepar

un point, doit se communiquer bien lentement à toute la masse.

C'est en partant de ces dispositions vi-
cieuses, qu'on a cru observer dans la forme
des chaudières et dans la construction du
fourneau, qu'on a proposé et exécuté les
améliorations suivantes.

La hauteur de la chaudière a été considérablement diminuée : les flancs en
ont été élargis, et les côtés inclinés, de
manière que le diamètre augmente progressivement jusqu'à environ 3 à 4 pouces
(un décim.) du bord supérieur ; là, les côtés
se courbent en arcs, et se rapprochent au
point, que l'ouverture de la chaudière est
absolument du même diamètre que le
fond. *Voyez fig. 1, pl. 9.*

La chaudière est surmontée d'un chapiteau conique, dans lequel on a pratiqué
au bord inférieur et intérieur, une gouttière qui est destinée à recevoir le liquide
qui se condense contre les parois, et qui,
au lieu de retomber dans la chaudière,

est conduit dans le serpentin dont nous allons parler dans le moment.

Le chapiteau est entouré d'un réfrigérant destiné à recevoir de l'eau froide pour condenser les vapeurs qui vont frapper contre les parois intérieures du chapiteau.

Dans l'ancienne construction, le chapiteau communiquoit au serpentin par un tuyau incliné, et d'un assez petit diamètre, tandis que dans l'appareil perfectionné dont nous parlons, le tuyau de communication a à sa base toute la hauteur et toute la largeur du chapiteau, et diminue de diamètre en s'approchant du serpentin, dans lequel il va s'ouvrir et s'ajuster.

Le serpentin ne diffère de l'ancien, qu'en ce que les premières circonvolutions sont plus grosses. *Voyez fig. 2, pl. 9.*

Nous ne devons pas passer sous silence le perfectionnement qui a été apporté au cul de la chaudière : au lieu d'être plat, nous l'avons légèrement bombé, de ma-

nière qu'il forme une courbe dont la con-
vexité est en dedans : d'après cette forme,
la chaleur du foyer est à-peu-près égale
sur tous les points, le fond de la chaudière
présente plus de force, et se laisse plus
difficilement affaisser par le liquide ; les
dépôts qui se forment par suite de l'évaporation, sont rejetés sur les angles qui
reposent sur la maçonnerie, ils ne reçoivent pas la chaleur directe, et, par conséquent, ils sont moins sujets à être brûlés.

Indépendamment de ces changemens
plus ou moins heureux qu'on a faits à
l'alambic, on s'est essentiellement occupé
de perfectionner le foyer ; et c'est sur-tout
aux améliorations qu'on a données à cette
partie de la distillation , qu'on doit les
avantages qu'on a retirés du nouveau
procédé.

Nous avons déjà observé que l'ancienne
construction du fourneau ne permettoit
à la chaleur de s'appliquer directement
à la chaudière , que par la base. Le courant d'air qui entroit par la porte du

foyer entraînoit avec rapidité la flamme
et la chaleur que développoit le combustible, et les précipitoit dans la cheminée,
après avoir parcouru rapidement et léché,
pour ainsi dire, le fond de la chaudière.
Une telle construction occasionnoit la
perte des neuf dixièmes de la chaleur que
produisoit le combustible : la distillation
étoit infiniment plus longue, et le produit
d'une qualité moindre, parce que la masse
de la liqueur n'étant chauffée que par un
point, la chaleur devoit en être continue
et assez forte pour se communiquer à
toute la masse ; et, par conséquent, les
dépôts qui se formoient, devoient y être
brûlés ; ce qui produisoit le goût de feu,
l'odeur d'empyreume, etc.

Cette construction vicieuse a été remplacée par la suivante. En supposant qu'on
veuille établir sur un fourneau, une chaudière de 2 pieds de diamètre à sa base
mct.
(0,650) sur 3 pieds dans son renflement
(environ 1 mètre), on commence par tracer un carré dont les côtés ayant 5 pieds

^{met.}
(1,624), et on élève des murs de maçonnerie sur trois de ces côtés, tandis qu'on
pratique dans l'autre un cintre qui forme
la couverture du cendrier; il s'élève à
environ 2 pieds (0,650) de hauteur au-
dessus du sol, et se prolonge en voûte à
2 pieds ½ (0,812) de profondeur dans le
carré de maçonnerie. On donne 8 pouces
(0,217) d'épaisseur à la clef du cintre;
et c'est sur elle qu'on pratique la porte
du foyer.

A la partie supérieure de la voûte, et
à 15 pouces (0,406) de profondeur dans
le fourneau, en partant du côté du cintre comme de sa partie antérieure, on
pratique une ouverture carrée d'un pied
(0,325) de diamètre. Cette ouverture reçoit la grille qui doit porter le combustible. Les barreaux de la grille doivent
laisser entre eux un intervalle suffisant
pour que les cendres et le menu charbon
tombent dans le cendrier, et pour que le

passage de l'air nécessaire à la combustion ne soit jamais intercepté.

On voit, d'après cette construction, que la grille n'occupe pas le milieu du fourneau, et qu'elle est toute dans la partie antérieure ; de sorte que lorsque la chaudière sera établie dans le milieu, l'extrémité de la grille du côté de la cheminée répondra au milieu de la chaudière.

Lorsqu'on emploie le bois pour combustible, on n'a pas besoin de pratiquer un cendrier : l'aspiration s'établit alors par la porte ; et la combustion est plus tranquille. Le cendrier et le foyer sont alors confondus ensemble.

Lorsque la grille est placée, on pose une pointe du compas sur le milieu du fond de la grille, dans la partie la plus éloignée de la porte du foyer, et on trace un cercle dont le diamètre est de 20 pouces (0,542), en supposant toujours qu'on établit une chaudière qui ait 2 pieds de diamètre à sa base.

On construit un mur circulaire en dehors de ce cercle, ou plutôt on continue d'élever le carré de maçonnerie qui fait la base du fourneau, en observant de former en voûte la partie qui répond à la porte du foyer. On donne à cette partie de la maçonnerie 12 à 15 pouces (0,325 met.) de hauteur, selon que le combustible qu'on doit employer produit plus ou moins de flamme.

Dans la partie opposée à la porte du foyer, et un peu à droite, on pratique une échancrure dans le mur circulaire, de 6 pouces (0,162 met.) de large sur 10 de profondeur, laquelle sert d'ouverture à la cheminée.

C'est sur cette maçonnerie qu'on assied le cul de la chaudière, en le mastiquant avec assez de soin pour qu'il n'y ait aucun passage, aucune communication de l'extérieur à l'intérieur du fourneau. On voit évidemment, d'après ces dispositions, que la chaudière doit porter de

2 pouces (0,054) , dans toute la circonférence de sa base , sur la maçonnerie.

La chaudière étant ainsi assise sur la
maçonnerie, on bâtit circulairement tout
autour, et à 8 pouces (0,217) de distance du
bord inférieur de la chaudière. On élève
le mur perpendiculairement jusqu'au niveau du plus grand diamètre ; là , on rapproche de manière à lier la maçonnerie
avec la chaudière , et on recouvre toute
la partie de la chaudière qui est en retraite
jusqu'à la base du cercle qui forme l'orifice. Il faut encore observer ici que ce vide
circulaire autour de la chaudière , est interrompu par un mur de cloison qu'on
élève sur un des côtés de l'ouverture qui
sort du foyer , et commence la cheminée
tournante ; de sorte que le courant qui
s'échappe du foyer , et se précipite dans
cette cheminée tournante autour de la
chaudière , ne trouveroit aucune issue ,
si on n'avoit pas l'attention d'en pratiquer une derrière le mur de séparation

dont nous venons de parler. Ainsi, ce courant, après avoir tourné autour de la chaudière, et chauffé circulairement toute la masse du liquide, s'échappe par l'ouverture qui fait la base de la cheminée droite ou perpendiculaire, comme on peut en juger par la *fig. 4, pl. 9* : on peut donner à la cheminée perpendiculaire 8 à 10 pouces d'ouverture en carré.

Tels sont les degrés de perfectionnement auxquels on a porté progressivement l'art de la distillation. Je crois avoir beaucoup coopéré à ce travail ; mais, après avoir proposé et exécuté ces améliorations avec le plus grand avantage, je me suis convaincu que la bonté du procédé dépendoit essentiellement des changemens heureux qui étoient apportés dans la construction du fourneau. J'ai vu que les avantages qu'on attribuoit au réfrigérant, ainsi que l'idée de la pression des vapeurs et de leurs efforts supposés pour s'élever et franchir le goulot de la chaudière, étoient plutôt un résultat de théo-

rie, qu'un fait de pratique. J'ai donc supprimé le réfrigérant, et me suis borné à
établir une large communication entre le
chapiteau et le serpentin, en prenant
toute la hauteur et toute la largeur du
chapiteau, pour former la base du tuyau
qui va s'adapter à la première circonvo-
lution du serpentin. La suppression du
réfrigérant a l'avantage de diminuer la
dépense et de simplifier l'appareil.

Cette suppression du réfrigérant, que
j'avois déjà adoptée en 1800, comme on
peut le voir dans l'article VIN, du *Dic-
tionnaire d'Agriculture* de Rozier, et ce
retour à l'ancienne construction des chapiteaux d'alambics, nous prouvent combien
il est facile de s'égarer lorsqu'on prend la
théorie ou le simple raisonnement pour
guide.

Nous pouvons borner ou réduire à
deux principes, tout ce qui regarde la
distillation des vins :

1°. Chauffer également toutes les parties
de la masse du liquide, et leur appliquer

toute la chaleur qui se dégage par la combustion.

2°. Condenser promptement et entièrement les vapeurs qui s'élèvent.

La construction du fourneau produit le premier effet.

La disposition de la grille établit le foyer sous la moitié antérieure du diamètre de la chaudière, de sorte que cette partie reçoit l'action directe de la chaleur du foyer ; et, comme le courant d'air tend toujours à emporter la flamme et la chaleur vers la cheminée, il fouette, en passant, l'autre partie du cul de la chaudière.

Ce même courant se précipite alors dans la cheminée tournante, et s'applique sur toute la surface latérale de la chaudière où il dépose toute sa chaleur, de manière que le liquide est enveloppé de toute la chaleur qui se dégage du combustible.

La forme de la chaudière facilite beaucoup l'action du feu : la concavité que présente son fond, outre les avantages

dont nous avons déjà parlé, concourt encore à augmenter l'effet de la chaleur,
en l'appliquant sur une plus grande surface.

Pour produire le second effet, ou pour
condenser promptement et entièrement
les vapeurs qui se rendent dans les circonvolutions du serpentin, il ne s'agit que
d'y entretenir de l'eau fraîche: à cet effet,
on fait arriver l'eau par la partie inférieure du serpentin, et on la fait vider
par la partie supérieure.

Lorsqu'il est possible d'avoir un courant continu, l'eau se maintient toujours
à une température fraîche, et l'eau-de-vie
qui coule n'exhale presque pas d'odeur,
parce qu'elle est très-condensée.

On a cherché à mettre à profit la chaleur que produisent les vapeurs d'eau-de-
vie, en les recevant dans un serpentin
dont le vin forme le liquide réfrigérant:
on a même recouvert le serpentin d'un
chapiteau, pour recueillir l'eau-de-vie
qui s'élève en vapeurs, et la porter, par

le moyen d'un tuyau, dans les circonvolutions du serpentin. Mais ces moyens,
quoiqu'ingénieux, n'ont pas reçu la sanction d'une pratique journalière, et il est
difficile d'en évaluer les avantages.

De nos jours, la distillation des vins vient
encore de recevoir de nouveaux degrés
d'amélioration : et les nouveaux procédés
sont tels, que les anciens ne peuvent plus
concourir avec les établissemens qui sont
formés d'après les nouveaux principes. Ces
procédés sont encore des secrets entre les
mains de leurs auteurs; mais, comme
plusieurs artistes se disputent la découverte, et ont formé des *brûleries* sur les
mêmes principes, à quelques modifications près, je crois pouvoir publier ce qui
en est parvenu à ma connoissance.

Le nouvel appareil distillatoire, est un
véritable appareil de Woulf : il consiste
en un chaudron qu'on place dans un
fourneau, et en une suite de chaudières
rondes qui communiquent entr'elles par

le moyen de tuyaux. L'appareil est terminé par un serpentin.

On met du vin dans la chaudière et dans tous les vases qui sont intermédiaires entr'elle et le serpentin.

Le bec du chapiteau de la chaudière, plonge dans la liqueur du premier vase, à la profondeur de 10 à 12 pouces (0,542).

De la partie vide de ce premier vase, part un tuyau qui va plonger dans la liqueur du second vase et à la même profondeur que le premier.

Et du second, il part un tuyau qui s'adapte dans le serpentin, lequel est rafraîchi par le procédé que nous avons indiqué.

Lorsqu'on chauffe le vin contenu dans la chaudière, les vapeurs qui s'en élèvent vont se rendre dans le liquide du premier vase, et lui communiquent une chaleur suffisante pour en dégager l'esprit-de-vin. Ces vapeurs d'esprit-de-vin passent dans le liquide du second vase, et y déterminent la volatilisation de l'alcool qui y est contenu. De sorte qu'un foyer médiocre occasionne l'ébullition d'une masse énorme de vin, distribuée dans plusieurs vases : et la condensation de cette masse considérable de vapeurs, va s'opérer dans le serpentin comme à l'ordinaire.

On peut obtenir de l'eau-de-vie plus ou moins forte, et se procurer à volonté le degré de spirituosité qu'on desire, en prenant le produit du premier ballon ou du second.

Si, au lieu d'employer le vin, on met de l'eau dans la chaudière, et du vin dans les autres vases, on obtient une eau-de-vie plus suave, plus douce, que lorsqu'on y met du vin.

Il est inutile d'observer qu'il faut renouveler l'eau dans la chaudière à mesure qu'elle diminue par évaporation. Mais il est probable qu'on a calculé et déterminé la quantité qui est nécessaire pour terminer l'évaporation de tout l'alcool, qui est contenu dans le vin qu'on a mis à distiller. D'ailleurs, il est facile de faire remplacer, par un mécanisme très-simple, la portion du liquide qui s'évapore de la chaudière, sans arrêter ni ralentir la distillation.

Ce procédé a le double avantage de diminuer considérablement la dépense du combustible, puisqu'on ne l'applique qu'à un petit vase, eu égard à la masse de liquide qu'on évapore; et d'extraire plus d'eau-de-vie d'un volume donné de vin, que par les appareils ordinaires.

Les améliorations apportées successivement au procédé de distillation, ont donné des eaux-de-vie infiniment plus douces que celles qu'on obtenoit par les anciens procédés. Ces dernières sentent l'empyreume ou le *brûlé*; mais le consommateur, sur-tout dans le Nord, en avoit tellement contracté l'habitude, qu'il a rejeté, pendant quelque temps, les eaux-de-vie douces et suaves, et qu'on a été forcé de les rendre empyreumatiques, en y mêlant de l'eau-de-vie brûlée pour se plier à son goût.

Les vins fournissent plus ou moins d'eau-de-vie selon leur degré de spirituosité : un vin très-généreux fournit jusqu'à un tiers de son poids d'eau-de-vie du commerce. En Languedoc, le produit moyen est du quart. Les vins de Bordeaux fournissent un cinquième. Ceux de Bourgogne donnent moins.

L'eau-de-vie qu'on extrait des vins vieux est de meilleure qualité que celle qu'on retire des vins nouveaux.

Les vins sucrés en fournissent de l'excellente.

Les vins *tournés* donnent une eau-de-vie de très-mauvaise qualité, par rapport à la grande quantité d'acide malique qui en est presqu'inséparable.

En délayant le marc des raisins dans l'eau, et procédant à la distillation, on en retire encore une eau-de-vie, qui porte le nom *d'eau-de-vie de marc*, et qui est de mauvaise qualité.

Lorsqu'on distille pour extraire des eaux-de-vie, on soutient l'opération jus-

qu'à ce qu'il ne passe plus d'esprit-de-vin,
ou que le produit ne soit plus inflammable.

Le *bouilleur* ou le distillateur juge du
degré de spirituosité de la liqueur qui distille, par le nombre et la grosseur des bulles
qui se forment en agitant la liqueur, et
par le temps plus ou moins considérable
qu'elles mettent à disparoître : à cet effet,
ou il la transvase dans deux verres, en la
laissant tomber d'assez haut; ou bien il
en remplit, aux deux tiers, un flacon
alongé, qu'il appelle *sonde*; et, en bou-
chant avec le pouce, il secoue et frappe
fortement sur le creux de la main pour
former des bulles.

On a essayé et pratiqué successivement
diverses méthodes pour déterminer la
spirituosité des eaux-de-vie.

Le réglement de 1729 prescrivoit de
mettre de la poudre dans une cuiller, de
recouvrir cette poudre de l'eau-de-vie
qu'on veut éprouver, et d'y mettre le feu.

On jugeoit de la spirituosité de l'eau-de-
vie, selon que la flamme brûloit ou ne

brûloit pas la poudre : mais, la même eau-
de-vie enflamme ou n'enflamme pas, selon la proportion dans laquelle on l'emploie : une petite quantité enflamme toujours ; une grande n'enflamme jamais,
parce que l'eau que conserve le résidu de
la combustion, suffit pour humecter la poudre et la préserver de toute inflammation.

On a encore employé le carbonate de
potasse, comme se dissolvant avec plus
ou moins de facilité, selon la quantité
d'eau contenue dans l'eau-de-vie.

Le gouvernement espagnol a prescrit,
en 1770, d'employer l'huile comme li-.
queur d'épreuve. Le procédé consiste à
laisser tomber une goutte d'huile sur
l'eau-de-vie : on a cru pouvoir prononcer sur son degré de spirituosité, selon
que la goutte d'huile descend plus ou
moins profondément dans la liqueur.

Ce fut en 1772 que MM. Poujet et
Borie, de Cette, ont repris ce travail,
et sont parvenus à des résultats qui ont
donné au commerce un pèse - liqueur

assez rigoureux pour qu'il ne se produise
aucune erreur dans les évaluations qui se
font journellement.

Après avoir fait des expériences très-
rigoureuses sur les proportions d'eau et
d'alcool, et sur l'action de la température
sur le mélange, à tous les degrés possibles,
ils ont adapté le thermomètre au pèse-
liqueur, et ils ont porté sur une échelle
la marche comparée de la spirituosité
réelle avec les effets de la température;
de sorte que leur pèse-liqueur indique
lui-même les corrections qu'apporte la
température. Cet instrument est aujour-
d'hui le seul dont se serve le commerce
dans le Midi.

L'usage d'un tel instrument est tellement nécessaire au commerce, que j'ai vu,
pendant plus de quinze ans, nos négocians
du Midi acheter les eaux-de-vie d'Espa-
gne, dont le degré de spirituosité n'étoit
pas constant, et se borner à les mettre au
degré du commerce, en y ajoutant de

l'eau ou de l'esprit-de-vin pour en assurer une vente avantageuse.

On appelle, dans le commerce, *eau-de-vie preuve de Hollande*, le produit de la distillation du vin.

Mais si on soumet de nouveau à la distillation cette eau-de-vie, et qu'on n'en retire qu'une partie, on obtient alors une liqueur plus spiritueuse, qu'on appelle *trois-cinq*; dans ce cas, trois parties de cette liqueur, qu'on mêle à deux parties d'eau pure, forment cinq parties d'eau-de-vie, *preuve de Hollande*.

Dans le pèse-liqueur de MM. Borie et Poujet, on détermine bien facilement les divers degrés de spirituosité, à l'aide de poids d'argent de diverses pesanteurs : le plus pesant est marqué des mots, *preuve de Hollande*, et le plus léger, *trois-sept*. Entre ces deux termes se trouvent les autres poids qui servent à marquer les degrés intermédiaires. Ainsi, si on visse à l'extrémité de la tige du pèse-liqueur le poids *preuve de Hollande*, et qu'on le

plonge dans une liqueur *trois-cinq*, l'instrument descendra dans le liquide au-dessous du degré, marqué sur l'échelle *preuve*
de Hollande, mais on le ramènera à ce
point, en ajoutant deux cinquièmes d'eau;
ainsi, l'eau-de-vie *trois-cinq* sera trans-
formée en eau-de-vie *preuve de Hollande*.

Si on visse, au contraire, le poids *trois-
cinq*, et qu'on plonge le pèse-liqueur
dans une liqueur *preuve de Hollande*, il
s'élèvera dans la liqueur au-dessus de ce
dernier terme, et on le ramènera aisément à ce degré, en y ajoutant de l'alcool
ou esprit-de-vin.

Lorsqu'on distille des eaux-de-vie pour
en extraire l'alcool ou esprit-de-vin, on
emploie communément le bain-marie.
Alors la chaleur est plus douce, plus égale,
et le produit de la distillation de meilleure
qualité.

L'alcool ou esprit-de-vin est employé
comme boisson; il est le dissolvant des

résines, et fait la base des vernis *siccatifs* ou à l'esprit-de-vin.

L'esprit-de-vin sert de véhicule au principe aromatique des plantes, et prend alors le nom d'*esprit* de telle ou telle plante.

Le pharmacien emploie encore l'esprit-de-vin pour dissoudre les médicamens résineux. Ces dissolutions portent le nom de *teintures*.

Il forme la base de presque toutes les boissons qu'on appelle *liqueurs*. On l'adoucit par le sucre. On l'aromatise avec toutes les substances d'un goût ou d'une odeur agréable.

L'esprit-de-vin préserve de la fermentation ou de la putréfaction les substances végétales et animales. On s'en sert à cet usage pour conserver des fruits, des légumes, et presque tous les objets et préparations de l'histoire naturelle des animaux.

Toutes les liqueurs provenant de la fermentation des corps sucrés, donnent de

l'alcool. Mais la quantité et la qualité varient selon la nature de ces corps. L'eau-
de-vie du cidre a un goût très-désagréable, par rapport au mucilage très-abon-
dant qu'il contient ; mais si on le distille
avec précaution, on en retire de la bonne
eau-de-vie.

L'eau-de-vie extraite du vin de cerises,
porte le nom de *kirchenwasser*.

Celle des sirops de sucre ou mélasse,
est appelée *rhum* ou *taffia*.

Pallas a vu distiller la liqueur fer-
mentée des grains, près de Pinbirsk, pour
en tirer l'eau-de-vie. On se sert d'alambics
dont les chapiteaux sont en bois, et dont
le bec aboutit dans une gouttière continuellement rafraîchie par l'eau froide.

Le même naturaliste rapporte que les
Kalmoucks font aigrir le lait de vache et
celui de jument dans de grands vases de
cuir ou autres. Ils aident à l'acétification
par la chaleur et par un levain fait avec
la grosse fariné salée, ou avec de la pré-
sure de l'estomac des agneaux. Ils n'écrê-

ment pas le lait destiné à fournir de l'eau-de-vie. Ils distillent le lait bien aigri dans des chaudières recouvertes d'un chapiteau de bois, et reçoivent le produit dans des vases qu'ils rafraîchissent, en les entourant de neige ou d'eau très-fraîche.

On fait de l'eau-de-vie de grains dans presque tous les pays connus, mais elles sont mauvaises; et, pour en masquer le mauvais goût, on les distille avec du genièvre; ce qui leur fait prendre le nom d'*eau de genièvre.*

SECTION VIII.

Résultats de l'action de la Chaleur appliquée, à divers degrés déterminés, à plusieurs substances minérales.

ON a senti, de tout temps, combien il importoit de connoître l'effet de la chaleur, à divers degrés bien déterminés, sur tous les corps : et nous trouvons, dans presque tous les ouvrages, des résultats de nombreuses expériences faites à ce sujet. Mais, comme on n'a pas possédé le moyen d'avoir une chaleur constante, égale et très-élevée, et que, d'ailleurs, l'analyse n'étoit pas assez avancée pour permettre au chimiste d'opérer sur des matières pures ou qui fussent constamment de même nature, les faits qui nous sont transmis ne sont pas toujours comparables, de manière qu'ils deviennent nuls pour la science.

Il importe peu de savoir que telle pierre des Alpes ou des Pyrénées est fusible ou n'est pas fusible. Ce qui intéresse essentiellement, c'est de constater, par de bonnes expériences :

1°. La manière dont se comportent, à un degré de feu connu, chaque terre pure et chaque métal.

2°. L'action ou l'effet de ce même degré de feu sur les substances simples, lorsqu'elles sont mêlées dans des proportions connues.

3°. L'effet des fondans sur ces mêmes matières.

Lorsque des résultats de cette nature sont bien constatés, on peut les reproduire dans tous les temps, dans tous les lieux; et les arts peuvent s'en emparer comme de faits positifs.

Il m'a paru qu'il seroit utile de réunir, dans un tableau, les principaux essais de fusion qui présentent les caractères que nous venons d'indiquer; et, à cet effet, j'ai pris, dans le nombre infini d'expériences faites, ceux des résultats qui peuvent éclairer et guider la marche des artistes dans les opérations qui ont pour objet l'action du feu sur les corps les mieux connus et les plus employés.

Darcet a été un des premiers chimistes qui ait essayé, sur un grand nombre de corps, l'action d'un feu égal, continu et comparable. Ses expériences ont été faites, en 1766 et 1768, dans des fours de porcelaine où la chaleur a été maintenue au même degré d'intensité pendant plusieurs jours.

Lavoisier et Erhmann ont essayé au

chalumeau et au courant de gaz oxigène, presque tous les corps connus.

M. de Saussure a fait de nombreux essais à la flamme du chalumeau simple.

Macquer s'est servi du miroir ardent pour y soumettre beaucoup de substances minérales.

MM. Guyton-Morveau et Kirwan ont encore employé des degrés de feu déterminés pour connoître la fusibilité de plusieurs substances simples et composées.

C'est dans les travaux de ces habiles physiciens, que nous prendrons les résultats qui forment le tableau ci-joint.

En parcourant ce tableau, on s'appercevra aisément que les résultats des expériences faites par les divers chimistes, ne s'accordent pas toujours : ce qui provient de ce que les substances employées n'ont pas été rigoureusement de la même nature, ou de ce que les creusets ou les supports ont réagi sur elles. Mais, comme les mélanges sont généralement plus fusibles que les matières pures, on doit conclure qu'on n'a pas opéré sur une substance simple, toutes les fois qu'on obtient la fusion d'une substance, dans les cas où d'autres expériences la présentent comme absolument infusible.

On pourra trouver encore ce tableau très-imparfait; mais, comme nous n'avons en vue que de faire connoître l'action du feu sur les substances minérales les plus employées dans les arts et les plus répandues dans la nature, j'ai cru que je devois borner là mon tableau.

ARTICLE PREMIER.

TABLEAU de l'action de la Chaleur sur plusieurs substances minérales simples.

Noms des matières.	FEU de porcelaine.	CHALUMEAU et air atmosphériq.	MIROIR ardent.	CHALUMEAU et gaz oxigène.
Chaux pure.	Infusible. Elle se vitrifie dans les points qui sont en contact avec le creuset.	Infusible. Elle dissout le sappare sur lequel on la fixe, et forme avec lui un verre d'un blanc laiteux.	Passe à l'état de chaux brûlée, sans se fondre.	Infusible. M. Guyton a observé que quelques parcelles s'étoient réunies sur les bords en un émail blanc, opaque, sur une cuiller de platine.
Magnésie pure.	M. Darcet, qui d'abord avoit employé la terre précipitée de l'eau-mère du nitre, qui n'est qu'un mélange de chaux et de magnésie, l'a vue couler sur les bords. Mais lorsqu'il a employé la terre précipitée du sulfate pur de magnésie, il l'a trouvée infusible.	Infusible.	Inaltérable. (LAVOISIER.)	Preud de la retraite, durcit sans se fondre, devient croquante sous la dent. (LAVOISIER, GUYTON.) Erhmann, qui dit l'avoir convertie en verre, n'a pas opéré sur une terre pure.
Silice pure.	Cristal de roche, devient friable, blanc, sans adhérence au creuset ni indice de fusion. (DARCET.)	M. de Saussure en a fait couler un fragment fixé sur le sappare. Le verre est transparent et sans bulles; il n'attaque pas le sappare.	Le cristal de roche, quoique chauffé lentement, se fendille, éclate en fragmens, sans apparence de fusion. (MACQUER.)	Lavoisier et M. Guyton n'ont pas obtenu de fusion. Geyer a apperçu des indices de fusion sur les angles. Erhmann prétend l'avoir fondu avec un bouillonnement remarquable.

Noms des matières.	FEU de porcelaine.	CHALUMEAU et air atmosphériq.	MIROIR ardent.	CHALUMEAU et gaz oxigène.
Alumine pure.	L'argile blanche, bien lavée, a paru infusible à M. Darcet, de même que la terre d'alun bien lavée.	Reste d'abord d'un blanc mat, en répandant une lueur bleuâtre, puis forme une masse grumelée translucide un peu luisante, surmontée de quelques globules pédunculés, du diamètre de 0,003. (DE SAUSSURE.)	Ne donne aucun signe de ramollissement, prend de la dureté et de la retraite. (MACQUER, LAVOISIER.)	Coule en un émail blanc, demi-transparent, et prend une telle dureté, qu'il raie le verre (LAVOISIER, GUYTON, ERHMANN.) Geyer n'a pu fondre que les bords minces.
Barite pure.	....	Forme d'abord une masse spongieuse, d'abord grise, puis blanc de neige presque mat, puis des mamelons translucides, qui se forment à la surface du produit de la première fusion. Dissout le sappare, et forme avec lui un verre presque transparent et sans couleur, mais un peu laiteux. (DE SAUSSURE.)	....	Elle se fond en quelques secondes, et s'étend et s'applique sur le charbon ; après quoi, elle brûle et détonne jusqu'à ce que tout soit dissipé. La petite portion de résidu qu'on peut rassembler, effleurit à l'air, et a le goût de la chaux éteinte. Cette espèce d'inflammation est un caractère commun avec les substances métalliques.

Noms des matières.	FEU de porcelaine.	CHALUMEAU et air atmosphériq.	MIROIR ardent.	CHALUMEAU et gaz oxigène.
Platine.	Les grains de platine se sont collés les uns aux autres ; la masse est devenue noire comme des batitures de fer. On peut en détacher par le broiement, une poudre noire très-attirable. Le reste, remis au feu, y perd la propriété d'être attirable. Le platine exposé au même feu dans des boules de porcelaine, ne fond pas, ne perd pas son brillant, et devient plus attirable. (DARCET.)	Les grains de platine ne sont pas du tout altérés. (BERGMANN.)	Le platine exposé au foyer du miroir ardent de Tchirnausen, s'y agglutine à la longue ; mais, dans les nombreuses expériences tentées en 1772 et 1773 par les académiciens de Paris, on n'a pas pu le foudre. Le verre ardent de Parker l'a fondu en moins de deux minutes. (KIRWAN.)	Le platine brut subit une fusion complète, et le métal se met en globules ronds, pourvu que la quantité n'excède pas 5 à 6 grains. Le platine, purgé de son sable magnétique, présente les mêmes phénomènes que le platine brut. (LAVOISIER.)
Or.	58 grains et ½ (env. 2 grammes) d'or de guinée exposés trois fois au feu dans des boules de porcelaine, ont perdu ½ grain la première fois, rien à la seconde.	Se fond sur le charbon, et y reste sans altération. (BERGMANN.) M. de Saussure dit qu'il disparoît et se dissipe en entier en fumée.	Homberg et Macquer l'ont fondu et volatilisé au foyer du miroir de Tschirnausen. Ce dernier y a même apperçu une couche d'oxide violet foncé.	L'or de départ fond aisément ; et Lavoisier a doré une lame d'argent qu'il avoit exposée au-dessus de l'or en fusion.
Argent.	Un gros 13 grains argent de coupelle, a perdu 8 grains dans des boules de porcelaine. Une portion d'oxide attaque le dedans de la boule, et forme une fritte spongieuse d'un blanc jaunâtre pâle. L'argent vaporisé fait crever les boules.	L'argent de coupelle se réunit en globules, et se vaporise.	Une partie du métal se vaporise, sans s'oxider, une infinité de petits globules sont rejetés sur le support.	Il fond en 10 secondes ; se vaporise sans s'enflammer. Lorsqu'on maintient la chaleur sans vaporiser, le métal s'oxide ; mais il se réduit avec facilité, et s'évapore ensuite. (ERHMANN.)

Noms des matières.	FEU de porcelaine.	CHALUMEAU et air atmosphériq.	MIROIR ardent.	CHALUMEAU et gaz oxigène.
Cuivre.	Il fond et s'oxide. Il a formé une masse d'un beau rouge dans la boule de porcelaine.	Coule sur le sappare, et le couvre d'un vernis noir brillant, colore en beau vert la flamme extérieure, et s'évapore entièrement. Le sappare reste blanc et pur.	Exposé au foyer du miroir ardent sur un support de grès, il passe à l'état d'oxide.	Il a été fondu en 15 secondes; il bouillonne, donne une flamme verte, et se volatilise en entier. (LAVOISIER, ERHMANN.)
Étain.	Il s'oxide et verdit. Quelquefois il se convertit en un verre jaune d'or, très-beau et très-transparent.	Le filet de sappare chargé de limaille d'étain de malac, et exposé brusquement au dedans de la flamme, la limaille se dissipe en partie en étincelles; la flamme extérieure se teint en pourpre clair. Il reste sur le sappare une couche mince de verre jaunâtre; mais si l'on approche la limaille de la flamme extérieure, l'étain s'oxide; cet oxide ne fond point; il paroît au contraire s'évaporer sans se dissiper entièrement. Sous cet oxide, le sappare paroît teint en jaune.	Il fond en un globule blanc, brillant comme l'argent; il s'en élève une fumée blanche abondante, claire et lumineuse. Si on le retire du foyer, on trouve une matière vitreuse, opaque, dure, cassante, couverte de petites aigüilles. L'étain se volatilise en entier à la longue.	Il fond de suite et bouillonne, devient rouge; il s'en élève une fumée blanche, épaisse, accompagnée d'une flamme blanche. Le métal s'oxide. (LAVOISIER.) Erhmann a vu une flamme bleue; il ajoute qu'un grain d'étain se volatilise en 50 ou 40 secondes.

Noms des matières.	FEU de porcelaine.	CHALUMEAU et air atmosphériq.	MIROIR ardent.	CHALUMEAU et gaz oxigène.
Plomb.	Il forme un verre jaune et transparent.	Il teint en bleu la flamme extérieure ; il se vitrifie en jaune verdâtre transparent, et s'évapore en laissant une teinte jaune.	Le minium se convertit en une belle litharge brillante, sans réduction. Le plomb blanc fond en un moment ; il répand une grande fumée. Une partie se convertit en litharge ; l'autre vitrifie le support de grès.	Il fond sur-le-champ, et donne une fumée roussâtre avec flamme. Si on donne le feu lentement, il s'oxide. Cet oxide se fond ensuite et s'évapore, et, lorsqu'on augmente la chaleur, la matière brûle avec une flamme blanche. (LAVOISIER.)
Fer.	Le fer s'est oxidé, et à formé une fritte avec la pâte de la porcelaine.	Il entre en fusion, bouillonne, étincelle ; puis pénètre entre les fibres du sappare, qu'il colore en noir, d'abord brillant, puis mat, puis vert de bouteille translucide, qui s'éclaircit à la longue.	Il brûle au foyer, et donne des aigrettes très-vives. (HOMBERG.)	Il fond, rougit et brûle en répandant de petites étoiles, qui s'éparpillent comme une pluie de feu. Ces parcelles réunies, sont de petites boules creuses et fragiles.
Zinc.	Il fond et s'enflamme, en répandant beaucoup d'oxide floconeux.	Se fond, s'allume et répand un oxide cotoneux et blanc.	Se fond et se recouvre d'oxide blanc. Il s'enflamme lorsqu'on le dépouille de cette couche d'oxide.	Il fond, rougit et brûle. La flamme est rouge vers le milieu, et bleue à la pointe. Il répand dans l'air beaucoup d'oxide floconeux.

Noms des matières.	FEU de porcelaine.	CHALUMEAU et air atmosphériq.	MIROIR ardent.	CHALUMEAU et gaz oxigène.
Bismuth.	Il coule et se vitrifie en un verre transparent d'un violet pâle, couleur de lie de vin clair.	La limaille accumulée sur le filet de sappare, et approchée lentement de la flamme, pétille, étincelle, donne une teinte violette à la flamme extérieure et une fumée jaune qui s'attache aux corps environnans, et se change en un verre jaune verdâtre qui pénètre et s'évapore ensuite, peu à peu, en laissant une teinture purpurine pâle, et quelques indices d'érosion.	. . . .	Il brûle d'une flamme blanchâtre, qui devient bientôt jaune. Le métal se gonfle, s'élance hors du creuset, et fait des taches jaunes ou brunes sur les endroits qu'il rencontre. Un grain peut se volatiliser en 15 secondes. (ERHMANN.)
Cobalt.	Darcet l'a calciné et fondu en une masse opaque et d'un bleu très-foncé.	Entre en fusion ; et, par un feu soutenu, mais ménagé, finit par former une masse noir-violet.	*Idem.*	Rougit, se fond et brûle d'une flamme bleuâtre tirant sur le violet. Quelques étincelles s'élancent du creuset.
Arsenic.	Il attaque et ramollit la pâte de porcelaine.	Exposé subitement au foyer, il s'enflamme. (BERGMANN.) Il se fond si on l'expose tout d'un coup au degré de feu nécessaire pour la fusion.	. . . .	Brûle avec une flamme d'un blanc bleu, et se dissipe en répandant l'odeur d'ail.

Noms des matières.	FEU de porcelaine.	CHALUMEAU et air atmosphériq.	MIROIR ardent.	CHALUMEAU et gaz oxigène.
Antimoine.	Sur 54 grains, il n'y a eu qu'une très-petite portion de régule qui se soit calcinée et vitrifiée. Le verre est d'un beau jaune très-transparent.	Il fume et teint en bleu pâle la flamme extérieure, puis laisse une tache grise noirâtre qui s'efface à la longue, quoiqu'avec difficulté.	Il se fond, fume et se dissipe en entier. Le petit creux du grès où avoit été le régule, a été couvert d'un enduit vitrifié d'un jaune pâle, verdâtre avec quelques taches noires et quelques apparences de veines purpurines.	Il fond en 10 secondes, et répand une fumée blanche. Il rougit et brûle avec une flamme blanche. (LAVOISIER.) Un grain se volatilise en 50 secondes. (ERHMANN.)

ARTICLE II.

Tableau de l'action de la Chaleur sur quelques substances composées.

Noms des matières.	FEU de porcelaine.	CHALUMEAU et air atmosphériq.	MIROIR ardent.	CHALUMEAU et gaz oxigène.
Sulfate de chaux.	Le gypse cristallisé de Montmartre donne un beau verre transparent. Ce verre ronge les creusets, les perce et les dissout. Le gypse strié ou soyeux présente les mêmes phénomènes.	Le gypse cristallisé de Montmartre s'exfolie, blanchit, se fond en une fritte blanc de neige. Sur le sappare, il bouillonne un peu, devient demi-transparent, pénètre et corrode.	Le gypse de Montmartre, calciné et gâché, chauffé d'abord doucement hors du foyer, a un peu fumé ; puis mis au foyer après beaucoup de retraite, s'est ouvert en plusieurs endroits, et enfin s'est fondu en une matière qui formoit des masses blanc de lait et demi-transparentes comme la porcelaine. (MACQUER.)	Le gypse de Montmartre très-pur, préalablement calciné, a bouillonné et s'est fondu. (LAVOISIER.) Erhmann a fondu tous les gypses qu'il a essayés.

Nota. Gerhard a observé que les gypses deviennent plus solides dans les creusets de craie ou de charbon, tandis qu'ils se vitrifient dans ceux d'argile. Il paroît, ainsi que Lavoisier l'a avancé, que lorsque le feu a pu volatiliser tout l'acide sulfurique, alors le résidu étant infusible, peut en imposer dans plusieurs essais tentés sur ce sulfate.

Noms des matières.	FEU de porcelaine.	CHALUMEAU et air atmosphériq.	MIROIR ardent.	CHALUMEAU et gaz oxigène.
Fluate de chaux.	Les fluates de chaux fondent à un degré de feu plus ou moins violent, selon leur pureté. Le verre est plus ou moins coloré ; il attaque le creuset, qu'il corrode et dissout.	Le spath fluor, octaèdre, transparent, verdâtre, végète en choux-fleurs, blanc de neige mat, opaque. Sur le sappare, un fragment se fond en un verre très-transparent, sans couleur. (SAUSSURE.)	Le spath fluor cubique des Vosges et le même spath coloré, ne se sont pas fondus au foyer du miroir de Tschirnausen sur un support de grès ; mais ils ont formé un globule fluide arrondi, qui est devenu d'un blanc d'émail en refroidissant. (LAVOISIER.)	Le spath fluor des Vosges s'est fondu en un verre clair et transparent comme l'eau. Le globule, en refroidissant, est devenu opaque ; il n'avoit plus le brillant vitreux du spath ; il ressembloit à un sel fondu, et se réduisoit aisément en poudre. (LAVOISIER.)
Sulfate de barite.	Cette pierre a coulé au feu de porcelaine ; elle ronge les creusets, qu'elle enduit de verre comme les spaths fusibles.	Le spath pesant, transparent et sans couleur, décrépite, teint en vert la flamme extérieure, et se fond en un blanc mat présqu'opaque. Sur le sappare, après avoir cessé de teindre la flamme en vert, il se fond en un verre transparent un peu jaunâtre, qui corrode lentement et sans effervescence. (SAUSSURE.)	Le spath pesant de Sainte-Marie-aux-Mines, exposé au foyer du verre ardent de Tschirnausen, sur un support de grès, s'est calciné sans se fondre ; mais, mis dans un creux de charbon, il a éprouvé une sorte de combustion, il a répandu des vapeurs sulfureuses, et il est resté une chaux qui conservoit le goût du sulfure d'alkali. (LAVOISIER.)	Le spath pesant de Sainte-Marie-aux-Mines, du plus beau blanc, opaque, et de structure lamelleuse, brûle avec détonation. Il reste sur le charbon un enduit blanc, âcre et amer ; avec un goût de sulfure d'alkali. L'analyse a démontré que c'étoit un sulfure de barite. (LAVOISIER.)

Nous devons à MM. Darcet, Erhmann, Guyton-Morveau, Kirwan, et autres chimistes, des expériences très-intéressantes sur la manière dont se comportent, à des degrés de chaleur déterminés, les mélanges de quelques matières premières employées constamment dans les mêmes proportions. Je crois devoir en consigner ici les résultats; ils serviront avantageusement à tous ceux qui se livrent à des opérations de pyrotechnie.

1°. *Expériences de Darcet au Fourneau de porcelaine.*

	MÉLANGES.	RÉSULTATS.
a.	Parties égales quartz et chaux éteinte.	Matière peu liée.
b.	Mesures égales spath très-dur et chaux éteinte.	Ont coulé et formé une masse vitreuse opaque.
c.	Mesures égales gypse fin et chaux de marbre éteinte.	Verre opaque.
d.	Mesures égales gypse fin et terre argileuse blanche.	Émail blanc, demi-transparent.
e.	Trois mesures gypse fin et une kaolin lavé.	Verre dur, blanc, opaque, formant un bel émail.

MÉLANGES.	RÉSULTATS.
f. Mesures égales gypse et pierre à fusil.	Masse très-dure et très-liée, faisant feu avec le briquet.
g. Deux mesures plâtre et une spath fusible.	Beau verre clair, transparent et couleur d'émeraude.
h. Mesures égales gypse fin et sable de Nevers.	Beau verre, demi-transparent.
i. Huit mesures sable de Nevers et une spath fusible.	Masse dure, unie. Émail demi-transparent.
l. Huit mesures spath fusible et deux craie de Briançon.	Verre mal fondu.
m. Une mesure pierre à fusil, deux mesures spath fusible, trois mesures gypse fin.	Verre opaque d'un blanc de lait.
n. Mesures égales gypse fin, argile pure et spath dur.	Verre opaque, bien lié, bon émail.
o. Mesures égales gypse fin, spath tendre et craie de Champagne.	Matière spongieuse, opaque et blanche.
p. Gypse fin, spath tendre, de chacun une mesure. Craie de Champagne, deux mesures.	Verre opaque d'un vert jaunâtre.
q. Mesures égales plâtre, argile pure et craie de Champagne.	Verre moitié transparent, d'un beau blanc.
r. Mesures égales gypse fin, argile pure et cailloux.	Verre d'un vert clair, transparent, tirant sur le jaune.
s. Mesures égales gypse fin, argile pure et pierre à fusil.	Verre vert jaune, transparent.

M. Guyton-Morveau a essayé, sur des mélanges terreux, l'action de deux degrés de chaleur dont le plus foible est de 23 à 28 degrés de l'échelle de Wedgwood, et le plus fort, de 134 degrés de la même échelle.

Pour le premier coup de feu, les creusets ont été placés sous la mouffle du fourneau de coupelle.

Pour le second, on les a exposés sous un creuset renversé au fourneau Macquer.

Composition.	Résultats au 1er feu.	Résultats au 2e feu.
Alumine.. 1 gram. Magnésie. 1 gram.	Matière blanche, foiblement agglutinée, se séparant sous les doigts, avoit perdu 0,135 de son poids.	Matière blanche, pulvérulente, et vitrification au point de contact avec le creuset.
Silice,... 1 gram. Magnésie. 1 gram.	Blanc pulvérulent, n'a perdu que 0,108 de son poids.	Fritte blanche, foiblement agglutinée, a perdu 0,155.
Silice,... 1 gram. Barite.... 1 gram.	Masse peu solide, point adhérente au creuset, couleur grise. A perdu 0,01 de son poids.	Verre d'un gris verdâtre, apparence cellulaire, très-dur, ne s'est laissé rayer que par le cristal de roche.
Alumine.. 1 gram. Barite.... 1 gram.	Foiblement agglutiné, d'un gris bleuâtre, non adhérent au creuset, a perdu 0,105 de son poids.	Matière blanche, pulvérulente, a perdu 0,275 de son poids.
Chaux.... 1 gram. Magnésie. 1 gram.	Le mélange est resté blanc, sans indice de réunion, sans perte de poids sensible.	Fritte, blanche à la surface, rougeâtre au fond. La partie inférieure vitreuse, demi-transparente et bouillonnée. Le fond du creuset sensiblement attaqué, et couvert d'un émail blanc, démi-transparent, bouillonné.
Chaux.... 1 gram. Barite.... 1 gram.	Matière blanche, pulvérulente. Légèrement agglutinée à la surface, sans perte de poids.	Verre parfait, un peu verdâtre, fendillé par la retraite, et adhérent aux parois du creuset.
Magnésie. 1 gram. Barite.... 1 gram.	Matière sensiblement agglutinée.	Blanche, brillante, réunie en parties grumeleuses, assez solides, dont quelques-unes, à l'état d'émail, adhéroient fortement aux parois du creuset.

Erhmann a soumis à l'action du courant de gaz oxigène plusieurs mélanges métalliques qui ont offert les résultats suivans :

MÉLANGES à parties égales.	RÉSULTATS.
1°. Or et platine.	Alliage blanc, comme de l'argent mat, assez ductile sous le marteau.
2°. Or et cuivre.	Fusion accompagnée de flamme verte, qui dure jusqu'à ce que tout le bouton se soit volatilisé. L'or, l'argent, le cuivre, fondus ensemble, présentent les mêmes phénomènes.
3°. Platine et argent. . . .	Alliage plus dur et plus sombre que l'argent. Il s'écrouit sous le marteau.
4°. Platine et cuivre. . . .	Alliage blanchâtre, susceptible d'être malléé, laminé et poli.
5°. Platine et fer.	Ces deux métaux s'allient mal ; ils paroissent d'abord s'unir, mais par le refroidissement ils se séparent.
6°. Platine et antimoine. .	Ce mélange préalablement fondu au creuset, exposé au foyer du courant d'oxigène, se sépare en deux, et l'antimoine brûle d'une flamme blanche, et s'exhale dans l'air.

MÉLANGES à parties égales.	RÉSULTATS.
7°. Argent et cuivre. . . .	Fond de suite, et manifeste une flamme verte. La masse se volatilise entièrement si on soutient le feu.
8°. Cuivre et étain.	Dès que le mélange est en fusion , l'étain brûle avec une flamme blanchâtre, environnée d'une couleur bleue presqu'imperceptible, mais qui augmente de plus en plus , à mesure que l'étain diminue.
9°. Cuivre et fer.	Ces métaux ne se combinent point. Le cuivre se place au centre , et le fer reste en croûte , qui se brûle bientôt.

Erhmann a essayé les mélanges suivans, en employant les métaux à diverses proportions :

1°. L'alliage du cuivre et du zinc, formant le laiton. | Il commence par pétiller, et brûle avec une flamme bleue-blanche, suivie de bleu foncé.

2°. L'alliage du plomb et de l'antimoine, formant les caractères d'imprimerie. | Il donne une vapeur très-forte; la flamme est blanche-bleue.

M. Kirwan , dans la seconde édition

de ses *Elémens de Minéralogie*, nous a donné une table de la fusibilité des terres simples, mêlées dans différentes proportions, et exposées à un feu qui n'excède pas 166° du thermomètre de Wedgood. M. Achard a donné les résultats d'une longue suite d'expériences sur le même sujet. Mais il est probable que les fusions qu'il a obtenues ont été souvent dues à la matière de ses creusets, qui étoient exposés au feu long-temps continué d'un fourneau de porcelaine. M. Kirwan croit avoir évité, en grande partie, cette source d'erreurs, en employant un feu beaucoup plus vif, mais moins long-temps continué, d'une bonne forge. M. Achard avoit fait ses mélanges avec de la chaux aérée. M. Kirwan n'a employé que de la chaux vive qui donne des produits très-différens. Les principaux résultats qu'il tire de ses recherches et de celles de M. Achard, sont les suivans :

Combinaisons binaires.

1°. Les combinaisons binaires des cinq terres (la chaux, la magnésie, l'alumine, la silice et la barite), sont infusibles, quelles que soient les proportions des mélanges, en exceptant deux cas, 1°. le mélange à parties égales de la chaux et de la silice, qui forme seulement un émail à une chaleur qui surpasse le 150° degré de Wedgood; 2°. le mélange de la barite et du silex. Ces deux substances n'agissent l'une sur l'autre, à une chaleur au-dessus de 150°, que lorsque la silice est à la barite dans le rapport de 3 à 1, ou de 2 à 1, ou que la barite est à la silice dans le rapport de 4 à 3, ou de 2 à 1; mais l'action réciproque de ces deux terres est à peine sensible, quand leurs quantités sont égales.

2°. Dans le mélange des cinq terres avec l'oxide de fer, on observe que celui où la chaux vive est à l'oxide de fer dans le rapport de 9 à 1, ou de 3 à 1, ou de 2

à 1, forme une espèce de fritte à une chaleur de 150°, et attaque le creuset. Il
devient très-fusible, si l'on augmente la
proportion de l'oxide de fer.

La barite et l'oxide de fer ont une
action réciproque beaucoup mieux marquée, leur mélange est fusible dans toutes
les proportions comprises entre 1 et 4 des
deux substances.

La magnésie et l'oxide de fer n'ont
aucune action réciproque quand le mélange est fait à parties égales; mais quand
l'oxide de fer est à la magnésie dans la
proportion de 4 à 1, le mélange se fond
complètement. La fusion est imparfaite
quand ces deux substances sont dans le
rapport de 2 à 1.

L'alumine et l'oxide de fer n'offrent
aucune apparence de fusion à une chaleur de 166°, lors même que ces deux
substances sont mêlées à parties égales;
mais quand l'oxide de fer est à l'alumine,
soit dans le rapport de 4 à 3, soit dans
celui de 2 à 1, les mélanges sont fusibles

au même degré de chaleur. La silice et l'oxide de fer paroissent infusibles toutes les fois que la silice est en excès; mais, dans le cas contraire, leur mélange est fusible.

Combinaisons ternaires au 150° degré de Wedgood.

Chaux, magnésie et alumine.

1°. Les mélanges de ces trois terres, dans lesquels la magnésie prédomine, ne sont jamais fusibles au-dessous du 160° degré de Wedgood.

2°. Le mélange dans lequel la chaux prédomine, ne se vitrifie que dans le cas où il est fait dans les proportions de trois parties de chaux, deux de magnésie et une d'alumine. Les proportions qui approchent de celles-ci peuvent donner des espèces de porcelaine ou d'émail.

5°. Les proportions dans lesquelles la quantité d'alumine est égale à celle des deux autres, et excède l'une des deux dans le rapport de 3 à 1, peuvent former des porcelaines.

Chaux, magnésie et silice.

1°. Les mélanges dans lesquels la chaux est en excès, peuvent être fusibles.

2°. Si la magnésie est en excès, aucun mélange ne sera fusible.

3°. Si la silice est en excès, les mélanges seront très-rarement fusibles.

Alumine, magnésie, silice.

1°. Si l'alumine est en excès, on ne peut obtenir qu'une porcelaine.

2°. Si la magnésie est en excès, on ne peut pas même avoir une fusion imparfaite.

3°. Si la silice est en excès, on peut obtenir une porcelaine dans plusieurs cas, et un verre dans celui-ci, savoir, quand les terres sont dans la proportion de 3 parties de silice, de 2 de magnésie, et 1 d'alumine.

Alumine, chaux et silice.

1°. Si la chaux est en excès, on peut obtenir un verre, ou une porcelaine, ou une masse infusible, suivant les proportions du mélange.

2°. Si l'alumine est en excès, on peut obtenir, dans plusieurs cas, une porcelaine, mais jamais un verre.

3°. Si la silice est en excès, on peut obtenir souvent un émail ou une porcelaine, et probablement aussi un verre, car la chaleur donnée dans ces essais n'a pas été considérable.

SECTION IX.

Moyens de mesurer la chaleur.

DANS les opérations par le feu, dont nous venons de nous occuper, il importe beaucoup de pouvoir déterminer le degré de chaleur avec lequel on opère, car c'est-là le seul moyen, non-seulement d'obtenir des effets constans, mais de transmettre et de rendre comparables les résultats de nos propres expériences.

On a donné le nom de *thermomètre* aux instrumens qui sont employés à mesurer la chaleur atmosphérique, ou celle qui n'est pas très-élevée; et on connoît, sous le nom de *pyromètre*, l'instrument destiné à mesurer les degrés de feu dans nos foyers et dans les fourneaux des arts.

Tous ces instrumens sont fondés sur le principe que la chaleur dilate tous les corps : il ne s'agit que de pouvoir déterminer les degrés de dilatation pour connoître les degrés respectifs de chaleur.

Le mercure et l'alcool ont été employés pour fabriquer des thermomètres; leur changement de volume est sensible au plus léger changement de température. Pour déterminer ce changement de volume, et pouvoir en conclure le changement de température, il a suffi d'enfermer ces liquides dans un tube de verre étroit et bien gradué. Le mercure mérite

la préférence sur l'alcool, parce qu'il présente une échelle très-longue et invariable de degrés de dilatation toujours
proportionnés aux degrés de chaleur, tandis que l'alcool n'observe plus la même
progression à une température un peu
élevée.

Ces deux liquides, enfermés dans des
tubes de verre, ne peuvent mesurer que
des degrés de chaleur inférieurs au degré
de fusion du verre lui-même, et au degré
de leur vaporisation. On a donc été forcé
de recourir à d'autres moyens pour mesurer les hauts degrés de chaleur. Boerhaave et Muschembroeck ont proposé des
pyromètres fondés sur la dilatation du fer
par la chaleur; mais le pyromètre qui a
mérité le plus jusqu'ici de fixer l'attention
des chimistes, est celui de Wedgood; il
est construit sur le principe que l'argile la
plus pure prend au feu une retraite proportionnée à la chaleur qu'on lui applique (1).

_____

(1) Ce phénomène paroît contraire au principe que

Ce pyromètre est composé de deux parties, 1°. d'une *jauge* qui sert à mesurer les degrés de chaleur; 2°. de petites *pièces* d'argile qui sont employées à en prendre le degré par la retraite qu'elles éprouvent; la jauge est formée par une plaque de terre cuite, sur laquelle sont appliquées deux règles de même matière. Ces règles parfaitement droites et unies offrent un écartement d'un demi-pouce à un des bouts, et de trois dixièmes de pouce à l'autre : on a divisé la longueur de cette règle en 240 parties égales, dont chacune représente un dixième de pouce.

Pour former les pièces à thermomètre, on tamise la terre avec la plus grande attention; on la mêle ensuite avec de l'eau, et on fait passer cette pâte à travers

nous avons établi de la dilatation de tous les corps par le calorique; mais cette contradiction n'est qu'apparente, en ce que la retraite de l'argile n'a lieu qu'autant qu'elle cède une portion d'eau qui lui est si adhérente, qu'il faut le dernier degré de chaleur pour la vaporiser entièrement.

I. 18

un tuyau de fer, ce qui lui donne la forme
de bâtons longs que l'on découpe en petits
cylindres de longueur convenable. Quand
les pièces sont sèches, on les présente à la
jauge, et il faut qu'elles s'adaptent au zéro
de l'échelle. Si quelque pièce pénètre à
un ou deux degrés de plus, le nombre de
ces degrés est marqué sur le fond, et doit
être déduit lorsqu'on se sert de cette
pièce pour mesurer la chaleur. Les pièces
ainsi ajoutées sont cuites dans un four à
une chaleur rouge, pour leur donner la
consistance nécessaire au transport. La
chaleur employée dans ce travail est communément de 6 degrés; mais peu importe
dès qu'on doit les soumettre à une chaleur
très-supérieure; si par événement on
vouloit mesurer un degré au-dessous, on
emploieroit des pièces non cuites.

Lorsqu'on veut se servir de ce pyromètre, on expose une des pièces dans le
foyer, dont on veut prendre la chaleur; et
lorsqu'on juge qu'elle y a éprouvé toute
l'intensité de chaleur, on la retire, et on la

laisse refroidir. Alors on la présente à la jauge, on la fait glisser entre les deux lames, jusqu'à ce qu'elle ne puisse plus avancer; on calcule le degré de chaleur qu'elle a subi par la retraite qu'elle a éprouvée.

M Wedgwood nous a laissé lui-même le tableau de quelques degrés correspondans de son pyromètre, avec ceux du thermomètre de Fahrenheit.

		WEDGWOOD.	FAHRENHEIT.
1°. La chaleur rouge visible au jour................	.....	0	1077
2°. Le cuivre suédois se fond à....................	.....	27	4587
3°. L'argent pur se fond à..	......	28	4717
4°. L'or pur se fond à.....	.....	32	5237
5°. La chaleur des barres de fer. Chauffées au point de pouvoir s'incorporer...............	Plus petite.	90	12777
	Plus grande.	95	13427
6°. Le maximum de la forge d'un maréchal.........	.....	125	17327
7°. La chaleur de la santé..	.....	130	17977
8°. Le maximum de la chaleur produite dans un fourneau à vent de huit pouces carrés..........	.....	160	21877

Le pyromètre de Wedgwood a l'inconvénient de ne pas produire des effets essentiellement comparables, parce qu'il est impossible de le fabriquer avec une terre constamment de même nature, sur les divers points du globe; c'est ce qui a fait proposer par M. Guyton un pyromètre de platine, dont il a donné la description dans le 46ᵉ volume des *Annales de Chimie*, page 276. Il consiste en une verge de platine posée de champ dans une rainure pratiquée dans un tourteau d'argile réfractaire, et cuit au dernier degré. Cette lame s'appuie par une extrémité sur le massif qui termine la rainure, l'autre extrémité porte sur un levier coudé, dont la grande branche forme aiguille sur un arc de cercle gradué, de sorte que le déplacement de cette aiguille marque l'alongement que la lame de métal prend par la chaleur.

Toutes les pièces de l'instrument étant de platine, il n'y a ni fusion, ni oxidation à redouter.

Mais il n'a échappé à personne d'observer que les divers appareils destinés à faire connoître le degré de chaleur, ne mesuroient pas la quantité qui peut être contenue dans un corps, ce qu'il importe néanmoins de savoir dans beaucoup de cas. C'est pour corriger cette grande imperfection, ou pour remplir ce vide dans la science pyrométrique, que MM. Laplace et Lavoisier ont fait exécuter un appareil susceptible de déterminer toute la quantité de calorique qui peut se dégager d'un corps, jusqu'à ce que sa température soit ramenée à celle de la glace; ils lui ont donné le nom de *calorimètre*, et il est établi sur le principe, que la glace absorbe la chaleur sans la communiquer jusqu'à ce qu'elle soit fondue.

Pour obtenir des résultats rigoureux, il s'agissoit 1°. de trouver le moyen de faire absorber par la glace toute la chaleur qui se dégage d'un corps; 2°. de soustraire la glace à l'action de toute autre

substance qui pouvoit coopérer à la fondre ; 3°. de ramasser toute l'eau provenant de cette même fonte.

L'appareil qu'ont fait construire à cet
effet nos deux célèbres académiciens ,
consiste dans trois corps circulaires presqu'inscrits les uns dans les autres, de telle
sorte qu'il en résulte trois capacités.
(*Voyez fig. 1 et 2 , pl. 10.*) La capacité
intérieure *eee* (*Fig. 2*) est formée par
un grillage de fils de fer (*Fig. 3*) sou-
tenus par quelques montans de même
métal. C'est dans cette capacité qu'on
place les corps qu'on soumet à l'expérience; on la couvre d'un couvercle également construit en grillage. La capacité moyenne *bbbb* (*Fig. 2*) est destinée
à contenir la glace dont on environne
toute la capacité intérieure : cette glace
est supportée et retenue dans le fond
par une grille à mailles étroites. Cette
capacité n'est séparée de l'intérieure que
par les parois du grillage de fer. A me-

sure que la glace fond , l'eau coule à travers la grille dans la cavité *e e* (*Fig.* 2.), et est reçue dans le vase *e* (*Fig.* 1), lorsqu'on ouvre le robinet *d* (*Fig.* 2). La capacité extérieure *aaaa* contient la glace qui enveloppe la capacité moyenne , et arrête la chaleur du dehors ; l'eau qui se forme dans cette cavité s'échappe par le tuyau *h h* (*Fig.* 2), et se rend dans un vase particulier. Cette capacité est séparée de celle du milieu par une enveloppe de fer blanc ou de cuivre, de telle sorte qu'il n'y a aucune communication entr'elles.

Pour mettre ce bel appareil en expérience, on remplit de glace pilée la capacité moyenne et le couvercle de la sphère intérieure, on en fait de même pour la capacité extérieure, et on met une couche sur le couvercle général de toute la machine. On laisse égoutter la glace intérieure ; on en fait de même pour celle de la capacité extérieure , et pour celle du couvercle général de toute la machine *gg* (*Fig. 1*).

Lorsque la glace intérieure ne fournit plus d'eau, on ouvre le couvercle pour introduire le corps, et on ferme sur-le-champ ; on ramasse avec soin toute l'eau qui s'écoule, jusqu'à ce que la température du corps soit celle de la glace. Il est évident que le poids de l'eau obtenue mesure exactement la chaleur dégagée du corps, qui seule a pu déterminer la fonte.

Il est nécessaire que la chaleur de l'atmosphère ne soit pas au-dessous de zéro, parce qu'alors la glace intérieure recevroit un froid sous zéro.

La chaleur spécifique n'étant que le rapport de quantité de chaleur nécessaire pour élever d'un même nombre de degrés la température du corps, qu'on compare à égalité de masse, il s'ensuit que si l'on veut avoir la chaleur spécifique d'un corps solide, on élevera sa température d'un nombre quelconque de degrés, on le placera promptement dans la sphère intérieure, et on l'y laissera jusqu'à ce que sa température soit descendue à zéro. On recueillera l'eau, et sa quantité, divisée par le produit de la masse du corps et du nombre de degrés dont sa température primitive étoit au-dessus de zéro, sera proportionnée à la chaleur spécifique.

Lorsqu'on veut prendre la chaleur des fluides, on commence par enfermer les vases dans le calorimètre, pour en abaisser la chaleur à la température de la glace, et on y verse ensuite promptement les liquides.

Pour déterminer la chaleur de la respiration et des matières gazeuses, on forme une communication, par le moyen de tubes, entre la sphère intérieure et le corps extérieur qui renferme l'air qu'on soumet à l'expérience, et on établit aisément une circulation du dehors au dedans, qu'on maintient jusqu'à ce que l'air d'essai ne fonde plus la glace; on peut apprécier la quantité de chaleur que laisse l'air dans son passage, en tenant deux thermomètres aux deux orifices d'entrée et de sortie.

FIN DU TOME PREMIER.

EXPLICATION DES FIGURES

DU TOME PREMIER.

PLANCHE PREMIÈRE.

Explication de la figure première, qui représente une forge de laboratoire avec son soufflet.

aa. Soufflet d'une forge de laboratoire.
bb. Forge.
  c. Support de la forge.
  d. Foyer de la forge.
  e. Dôme de la forge.
  f. Cheminée de la forge.
  g. Porte du dôme.

Explication de la figure deuxième, qui représente une forge de laboratoire à triple courant d'air.

  aa. Soufflet à double vent.
  bb. Réservoir d'air.
  ccc. Tuyaux qui portent l'air à la forge.
dddd. Forge carrée.
   e. Intérieur de la forge.
  ff. Retraite de la forge pour recevoir le couvercle.

gggg. Épaisseur et parois de la forge.

La fig. 2 *bis* représente le couvercle de la forge.

La fig. 2 *ter* représente la grille.

Figure 3, planche première.

La fig. 3 de la planche première représente la coupe perpendiculaire de la forge à triple courant d'air.

ccc. Ouvertures par où l'air des trois tuyaux est versé dans la forge.

ee. Fond ou sol de la forge.

dd. Retraite de la forge pour recevoir la grille.

gg. Retraite supérieure pour recevoir le couvercle.

ffff. Épaisseur des parois de la forge.

Fig. 4, planche première.

La fig. 4 représente un creuset.

La fig. 4 *bis* représente le couvercle d'un creuset.

Fig. 5, planche première.

La fig. 5 représente une lingotière.

Fig. 6, planche première.

La fig. 6 représente une pince à creuset.

PLANCHE II.

Explication de la figure première, qui présente la vue d'une trompe.

aa. Arbre de la trompe.

b. Portion de l'arbre évasé en entonnoir.

ccc. Trois trompilles.

dd. Tonneau défoncé qui plonge dans l'eau.

e. Pierre conique placée au milieu du tonneau.

ff. Courant d'eau qui baigne les bords inférieurs du tonneau.

g. Conduit qui porte l'air dans le fourneau.

h. Courant d'eau qui se précipite dans la trompe.

ii. Fourneau dans lequel se rend l'air de la trompe.

Explication de la figure deuxième, planche première, représentant une coupe verticale de la trompe.

aa. Arbre de la trompe, coupé dans le sens de sa longueur.

b. Entonnoir au-dessus de l'arbre.

cc. Deux trompilles latérales.

dd. Tonneau défoncé par le bas.

e. Pierre conique placée dans le milieu du tonneau.

ff. Courant d'eau dans lequel plonge le tonneau par son bord inférieur.

g. Conduit qui porte l'air dans le fourneau.

h. Courant d'eau qui se précipite dans la trompe.

La figure 3, planche première, représente le plan d'un fourneau de fonte pour les minerais de fer, pris à la hauteur des soufflets.

La figure 4, planche première, représente une coupe de ce même fourneau.

c. Fig. 3 et 4, embrâsure des soufflets.

d. Fig. 3, embrâsure par où l'on donne l'écoulement à la fonte.

e. f. Fig. 4, hauteur intérieure du fourneau.

g. g. Fig. 4, sa plus grande largeur.

Ce fourneau est rond depuis *i* jusqu'à *k;* le reste est carré.

PLANCHE III.

Explication de la fig. 1, représentant un fourneau de fusion de laboratoire.

aaaa. Cheminée.

bb. Foyer.

c. Porte du foyer.

d. Porte inférieure du foyer, pour juger de l'état du creuset.

eee. Trépied sur lequel porte le fourneau.

ff. Grille du fourneau.

Explication de la fig. 2, représentant un fourneau de fusion à aspiration.

a. Cendrier.

b. Grille mobile.

c. Porte du cendrier.

d. Foyer.

e. Porte du foyer.

f. Fuyant du fourneau, sole.

g. Cheminée.

h. Massif de maçonnerie.

i. Mur contre lequel est adossé le fourneau.

Explication de la fig. 3, représentant un fourneau de fonte à courant libre.

a. Escalier pour descendre au cendrier.

b. Cendrier.

cc. Grille du foyer.

dd. Sole, autel, laboratoire.

ee. Cheminée.

f. Maçonnerie.

gg. Voûte de l'autel, en briques.

h h. Murs extérieurs de la cheminée.

i. Coulée.

PLANCHE IV.

*Explication de la figure 1, représentant un four-
neau évaporatoire.*

a a. Cendrier.

b b. Porte du cendrier.

c c. Foyer.

d d. Porte du foyer.

e e. Vaisseau évaporatoire.

*Explication des fig. 2 et 3, planche 4, représen-
tant un fourneau avec cheminée tournante au-
dessous et sur les côtés de la chaudière.*

　　a a. Maçonnerie dans laquelle est établi le
　　fourneau.

　　b b. Murs en briques, élevés sur les côtés
　　de la grille, et sur lesquels est portée la
　　chaudière.

　　c c. Grille du fourneau.

d d d d. Conduit ou courant de chaleur, pas-
　　sant sous la chaudière, et se rendant par
　　les côtés dans la cheminée perpendicu-
　　laire.

e e e e. Murs parallèles aux murs *b b*, séparant

la cheminée du dessous de la cheminée latérale, et portant la chaudière.

ff. Cheminée perpendiculaire vis-à-vis le foyer.

gg. Partie antérieure du fourneau.

Explication de la fig. 4, planche 4, représentant une coupe verticale d'un fourneau avec cheminée tournante au-dessous et sur les côtés de la chaudière.

aa. Maçonnerie de l'enceinte du fourneau.

bb. Coupe du cendrier.

cc. Coupe du foyer.

dddd. Murs soutenant la chaudière, et séparant le foyer, de la cheminée de dessous, et celle-ci de la cheminée latérale.

ee. Cheminée, ou courans du dessous de la chaudière.

ff. Cheminée ou courans latéraux.

g. Chaudière.

Fig. 5, planche 4.

Vue d'une chaudière montée sur son fourneau, avec sa cheminée contre le mur, au-dessus du foyer.

PLANCHE V.

Explication de la fig. 1, représentant la coupe verticale d'une chaudière ronde, avec fourneau à cheminée tournante.

aaaa. Massif carré de maçonnerie, dans lequel la chaudière est établie.

bb. Coupe de la grille.

cc. Rebord sur lequel porte la chaudière.

dd. Maçonnerie contre le fond de la chaudière.

ee. Cheminée tournante.

ff. Naissance de la cheminée tournante.

gg. Naissance de la cheminée perpendiculaire.

hh. Chaudière marquée par des points.

Explication de la fig. 2, planche 5, représentant le fourneau d'une chaudière ronde à cheminée tournante, et avec cheminée sur la porte du foyer.

aaa. Maçonnerie dans laquelle le fourneau est établi.

bb. Porte du foyer.

cc. Pieds sur lesquels porte le fourneau.

dd. Rebord sur lequel porte la chaudière.

e e. Naissance de la cheminée tournante.

ff. Cheminée tournante.

gg. Cheminée perpendiculaire.

Explication de la fig. 3, planche 5, représentant le fourneau d'une chaudière ronde à cheminée tournante, et avec cheminée perpendiculaire vis-à-vis la porte du foyer.

a a a a. Maçonnerie dans laquelle le fourneau est établi.

b b. Porte du foyer.

c c. Pieds sur lesquels porte le fourneau.

dd. Rebord sur lequel porte la chaudière.

e e. Naissance de la cheminée tournante.

ff. Cheminée tournante.

gg. Cheminée perpendiculaire.

hh. Mur qui sépare la naissance de la cheminée tournante d'avec la cheminée perpendiculaire, et oblige le courant de chaleur à tourner tout autour de la chaudière avant de s'échapper par la cheminée perpendiculaire.

PLANCHE VI.

Explication de la fig. 1, représentant la coupe verticale d'un fourneau de savonnerie.

a a. Chaudière dans laquelle on cuit le savon.

b b. Fond en cuivre de la chaudière, les côtés sont en maçonnerie.

c c. Murs en brique, formant les côtés de la chaudière.

d d. Murs en brique saillans au-dessus de la maçonnerie *e e*, et entourant la partie supérieure de la chaudière.

e e e. Maçonnerie en pierres de taille.

f. Grille du foyer.

g g g. Cendrier.

h h. Conduit du foyer.

i i. Cheminée.

k. Prolongement de mur, séparant la cheminée du conduit du foyer.

Explication de la fig. 2, planche 6, représentant la coupe verticale d'une chaudière dont le fond est bombé, et qui est établie sur son fourneau.

a a. Coupe de la chaudière.

b b. Fond bombé de la chaudière.

c c. Rebords du fond de la chaudière, por-
tés sur la maçonnerie.

d. Coupe de la grille.

e e e. Voûte du cendrier.

ff. Cheminée tournante.

g g g. Maçonnerie du fourneau.

*Explication de la fig. 3, planche 6, représentant
une évaporation à feu nu.*

a a. Chaudière ou marmite placée sur le foyer
d'un fourneau.

b b b. Ouvertures latérales pour établir l'aspiration.

c c. Porte du foyer.

d d. Dessous du foyer.

e e e. Maçonnerie du fourneau.

ff. Supports du fourneau.

*Explication de la fig. 4, planche 6, représentant
une cornue sur le feu, avec son récipient.*

a. Panse de la cornue.

b. Col de la cornue.

c. Récipient.

d d. Fourneau.

e e. Support du récipient.

Explication de la fig. 5, pl. 6, représentant une évaporation au bain de sable.

aa. Fourneau.

b. Porte du foyer.

c. Porte du cendrier.

dd. Vase contenant le sable, placé sur le fourneau.

ee. Vaisseau évaporatoire, placé sur le sable.

ff. Sable contenu dans le vase *dd.*

Explication de la fig. 6, pl. 6, représentant une évaporation au bain-marie.

aa. Chaudière dans laquelle est enchâssé
le bain-marie.

bbbb. Bain-marie figuré par des points au dedans de la chaudière, et par des lignes
au dehors.

cc. Anses de la chaudière.

dd. Anses du bain-marie.

ee. Ouverture du bain-marie.

PLANCHE VII.

*Explication de la fig. 1, représentant un four-
neau de réverbère, servant à la distillation.*

aa. Cendrier et foyer du fourneau.

bb. Laboratoire du fourneau.

cc. Dôme ou réverbère du fourneau.

dd. Cheminée.

ee. Porte du cendrier.

ff. Porte du foyer.

gg. Support ou anses du laboratoire.

  h. Ouverture par laquelle sort le col de la cornue.

ii. Anses du dôme.

  k. Récipient.

ll. Support du récipient.

mm. Cornue représentée, dans le laboratoire, par des lignes ponctuées.

Explication de la fig. 2, pl. 7, représentant une cornue.

aa. Panse de la cornue.

bb. Col de la cornue.

Explication de la fig. 3, pl. 7, représentant une cornue tubulée.

aa. Panse de la cornue.

bb. Col de la cornue.

cc. Tubulure de la cornue.

Fig. 4, pl. 7.

La fig. 4, pl. 7, représente un récipient tubulé.

Fig. 5, pl. 7.

La fig. 5, pl. 7, représente une alonge.

Fig. 6, pl. 7.

La fig. 6, pl. 7, représente une coupe verticale du foyer et du cendrier du fourneau de réverbère.

PLANCHE VIII.

Explication de la fig. 1, pl. 8, représentant une distillation par l'appareil pneumato-chimique.

a a. Cendrier.

b b. Porte du cendrier.

c c. Foyer.

d. Porte du foyer.

e e. Laboratoire.

f. Cornue figurée par des lignes ponctuées.

g g. Ouverture par où sort le col de la cornue.

h h. Récipient.

i. Porte du dôme.

k k. Naissance de la cheminée.

l l. Partie de la cuve hydro-pneumatique, remplie d'eau.

m. Vase ou bocal renversé sur la cuve et plein d'eau.

nn. Hauteur à laquelle s'élève le liquide qu'on a mis dans les flacons.

ooo. Tubulure du récipient et des flacons.

pp. Profondeur à.laquelle descendent les tubes *x* dans le liquide des flacons.

qq. Renflement à moitié plein d'eau, pratiqué sur les tubes soudés aux tubes *ss.*

rr. Cuve hydro-pneumatique.

sss. Tubes qui partent de la partie vide des flacons et du récipient, et qui vont s'ouvrir dans l'eau par l'autre extrémité.

xx. Tubes perpendiculaires qui plongent dans le liquide des flacons.

Fig. 2, pl. 8.

La fig. 2, pl. 8, représente une distillation au bain de sable dans l'appareil hydro-pneumatique.

L'explication est la même que celle de la fig. 1, avec la seule différence que le vaisseau distillatoire est un récipient ou bocal à long col, et que les dernières vapeurs ou gaz incoercibles se perdent dans l'air par l'extrémité du dernier tube.

*Explication de la fig. 3, pl. 8, représentant une
cuve hydro-pneumatique.*

aaaa. Cuve hydro-pneumatique.

bb. Excavation ou vide au-dessous des qua-
tre-cinquièmes de la capacité de la cuve.

cc. Portion de la cuve creuse dans toute sa
hauteur.

dd. Partie supérieure de la portion *cc.*

ee. Planchette placée en travers sur une partie de la portion *dd.*

f. Ouverture dans le milieu de la planchette.

g. Échancrure sur un des bouts de la planchette.

hh. Partie supérieure de la cuve , ne présentant qu'une profondeur de deux à trois
pouces au-dessous du rebord de la cuve.

ii. Échancrures ou dépressions pour recevoir le bec recourbé des flacons, ou l'extrémité recourbée des tubes.

kk. Bocaux renversés sur la surface de la
cuve.

PLANCHE IX.

Explication de la fig. 1, pl. 9, représentant une chaudière d'alambic.

a a a. Panse de la chaudière.

b b b. Fond bombé de la chaudière.

   c. Ouverture pour verser le liquide de la distillation.

 d d. Anses pour prendre et mouvoir la chaudière.

  e e. Ouverture de la chaudière.

Explication de la fig. 2, pl. 9, représentant un serpentin.

a a a. Serpentin.

b b b. Tonneau ponctué dans lequel il est placé.

c c c. Socle sur lequel est posé le tonneau dans lequel est contenu le serpentin.

 d d. Extrémité ou bec du serpentin par où coule le liquide de la distillation.

   e. Ouverture supérieure du serpentin qui reçoit l'extrémité du bec du chapiteau de l'alambic.

Explication de la fig. 3, pl. 9, représentant un fourneau avec un alambic et serpentin.

aa. Fourneau dans lequel l'alambic est établi.

bb. Renflement et bord supérieur de la chaudière.

cc. Ouverture par laquelle on charge la chaudière.

dd. Chapiteau qui recouvre la chaudière.

ee. Bec du chapiteau.

ff. Réunion du bec du chapiteau avec l'ouverture du serpentin.

gg. Serpentin figuré par des lignes ponctuées dans le tonneau.

h. Extrémité inférieure du serpentin.

iii. Tuyau par lequel s'échappe le trop plein de l'eau du tonneau dans lequel est établi le serpentin.

kk. Tuyau destiné à porter de l'eau fraîche dans le fond du tonneau.

lll. Tonneau dans lequel est établi le serpentin.

mm. Support ou socle supportant le tonneau.

Fig. 4, pl. 9.

La fig. 4, pl. 9, représente au trait l'intérieur du fourneau.

Voyez l'explication, pl. 5, fig. 1.

PLANCHE X.

Explication de la fig. 1, pl. 10, représentant un calorimètre.

a a. Enveloppes du calorimètre.

b b. Couvercles des trois capacités du calori-mètre.

c. Robinet et canal par où s'écoule la glace fondue de la troisième capacité.

d. Robinet et canal par où s'écoule la glace fondue de la capacité moyenne.

e. Vase destiné à recevoir l'eau qui s'écoule de la capacité moyenne.

f. Support.

g g. Grand couvercle destiné à recouvrir le ca-lorimètre.

Explication de la fig. 2, pl. 10, représentant une coupe verticale du calorimètre.

a a. Capacité extérieure remplie de glace pilée.

b b. Capacité moyenne remplie de glace pilée.

c c. Capacité du centre, séparée de la capacité moyenne par un grillage de fer.

d. Extrémité du canal par où s'écoule la glace fondue de la capacité moyenne.

ee. Dessous de la grille qui retient la glace de la capacité moyenne.

f. Couvercle de la capacité du centre.

gg. Dessus du calorimètre recouvrant les trois capacités, et chargé de glace.

hh. Canal par où s'écoule la glace fondue de la troisième capacité.

ii. Dessus du couvercle de la capacité du centre, chargé de glace.

Fig. 3.

La fig. 3 représente le grillage intérieur.

FIN DE L'EXPLICAT. DES FIGURES DU TOME I.

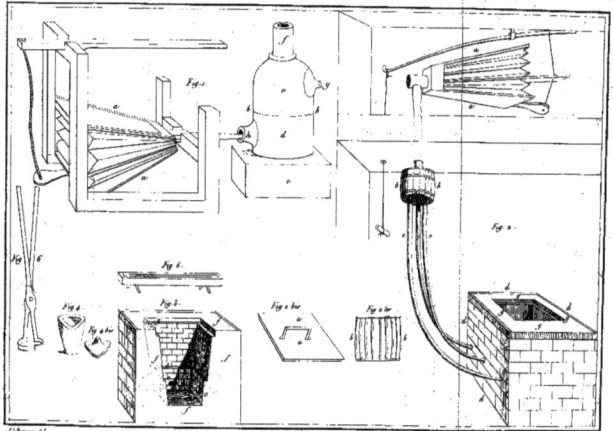

Pl. 1.

Fig. 1.

Fig. 2.

Fig. 6.

Fig. 4.

Fig. 4 bis.

Fig. 5.

Fig. 3.

Fig. 2 bis.

Fig. 2 ter.

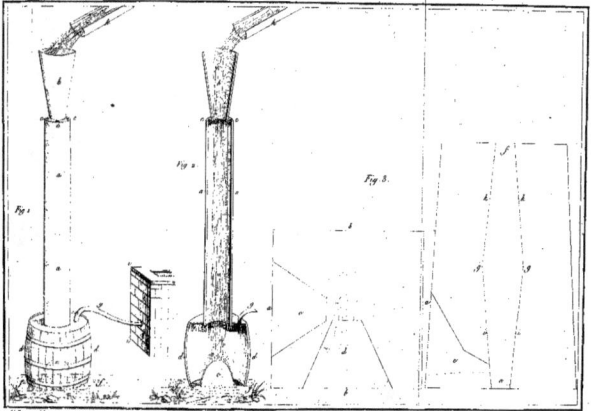

Pl. 2.

Fig 1.

Fig 2.

Fig 3.

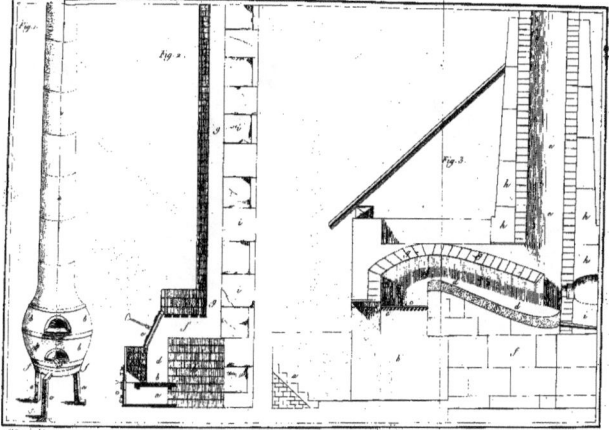

Pl. 5.

Pl. 4.

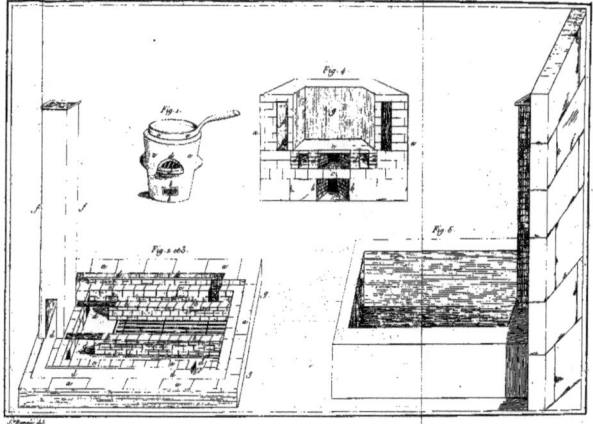

Fig. 1.

Fig. 4.

Fig. 2 et 3.

Fig. 5.

Pl. 5.

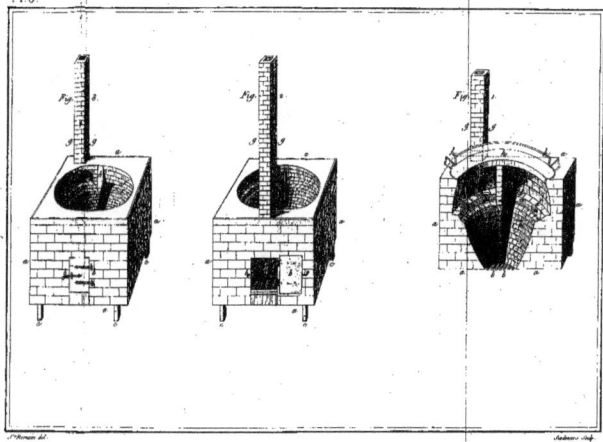

St. Fernan del.   Ambroise sculp.

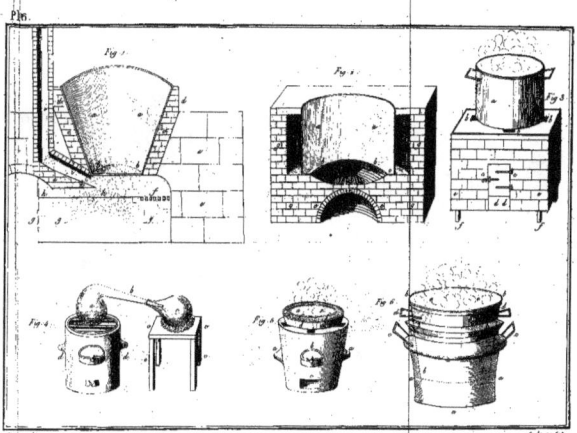

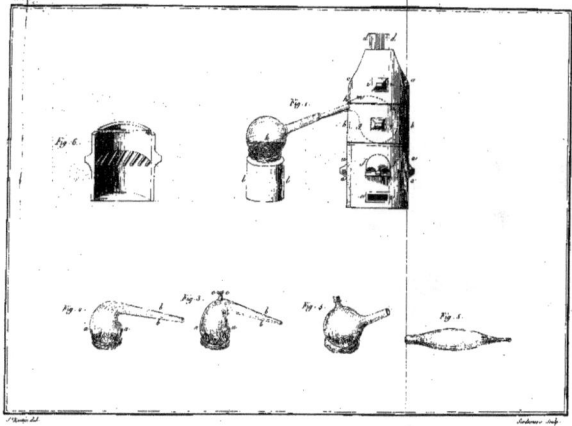

Fig. 6.

Fig. 2.

Fig. 1.

Fig. 3.

Fig. 4.

Fig. 5.

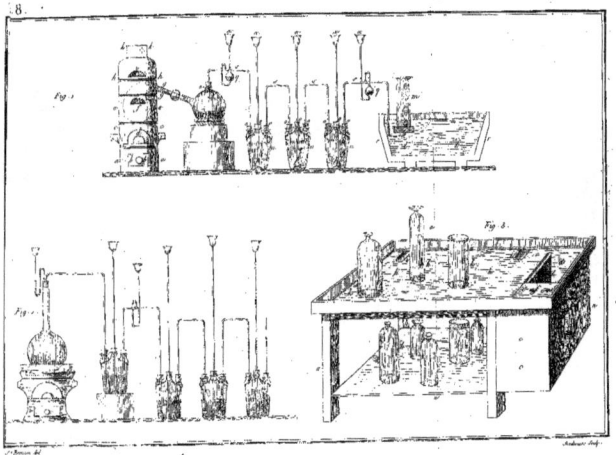

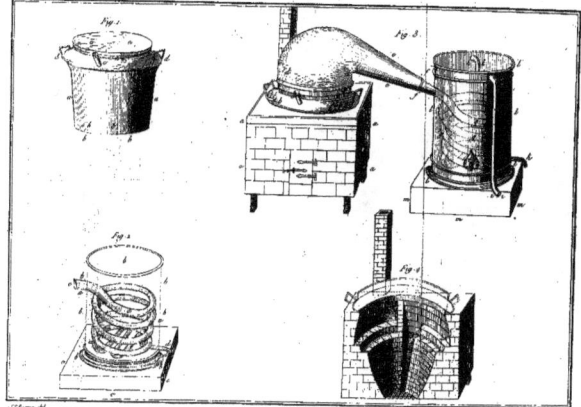

Pl. 9.

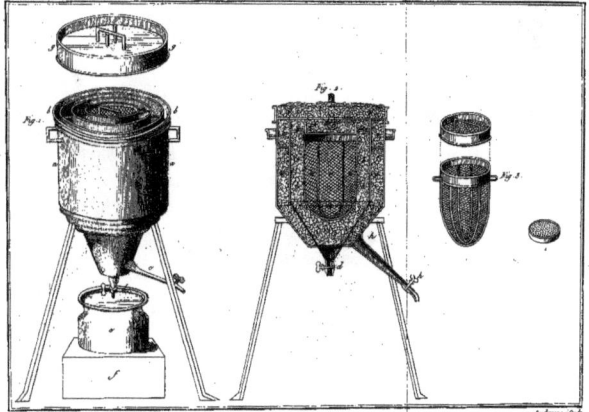

Pl. 30.

Fig. 1. Fig. 2. Fig. 3.

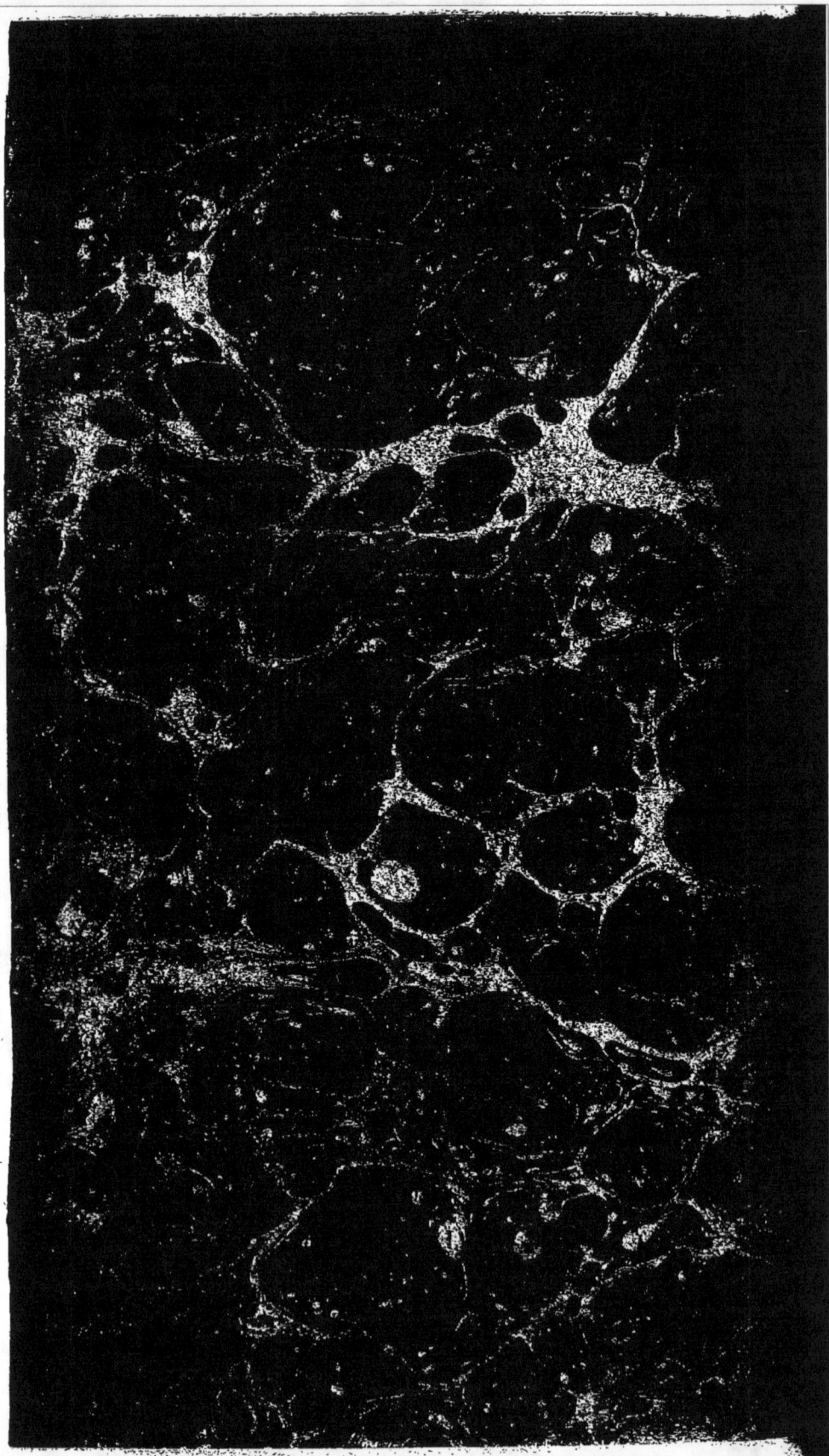

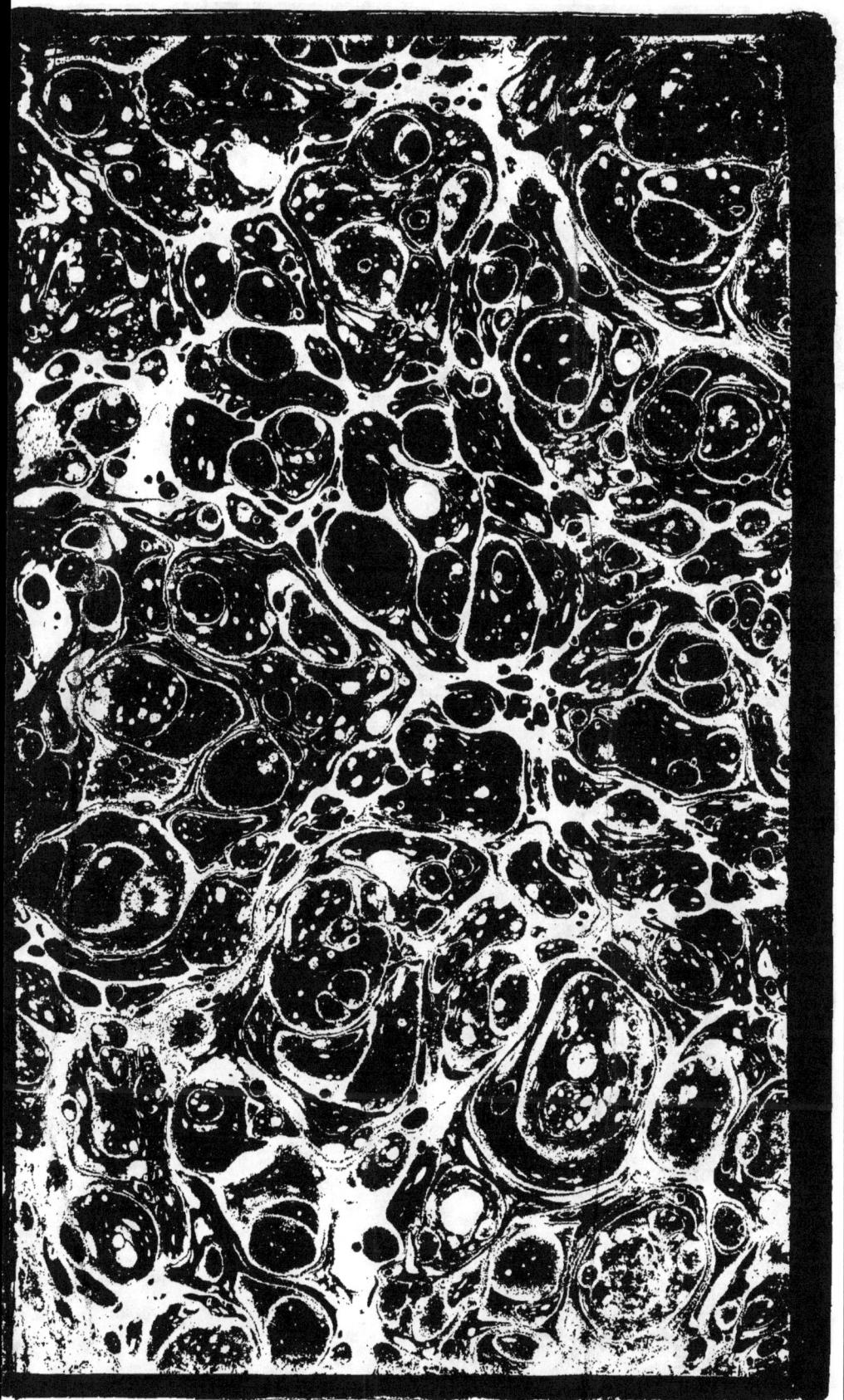

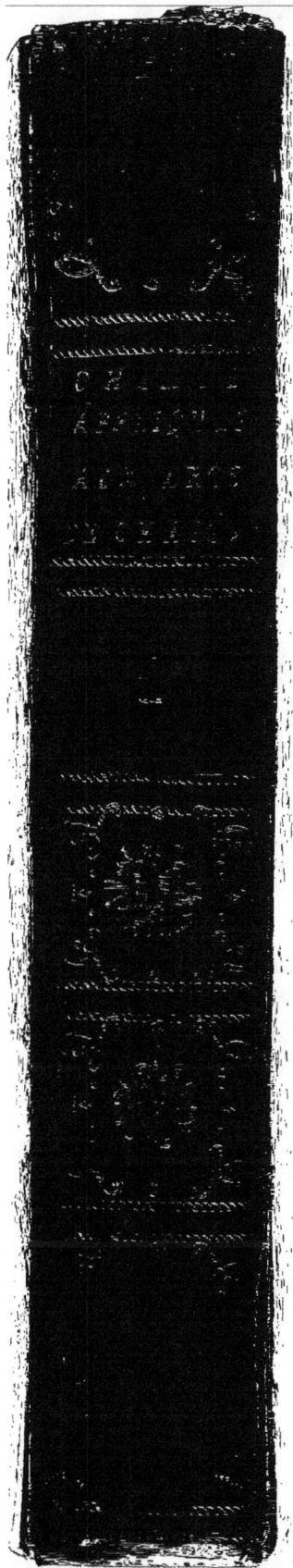

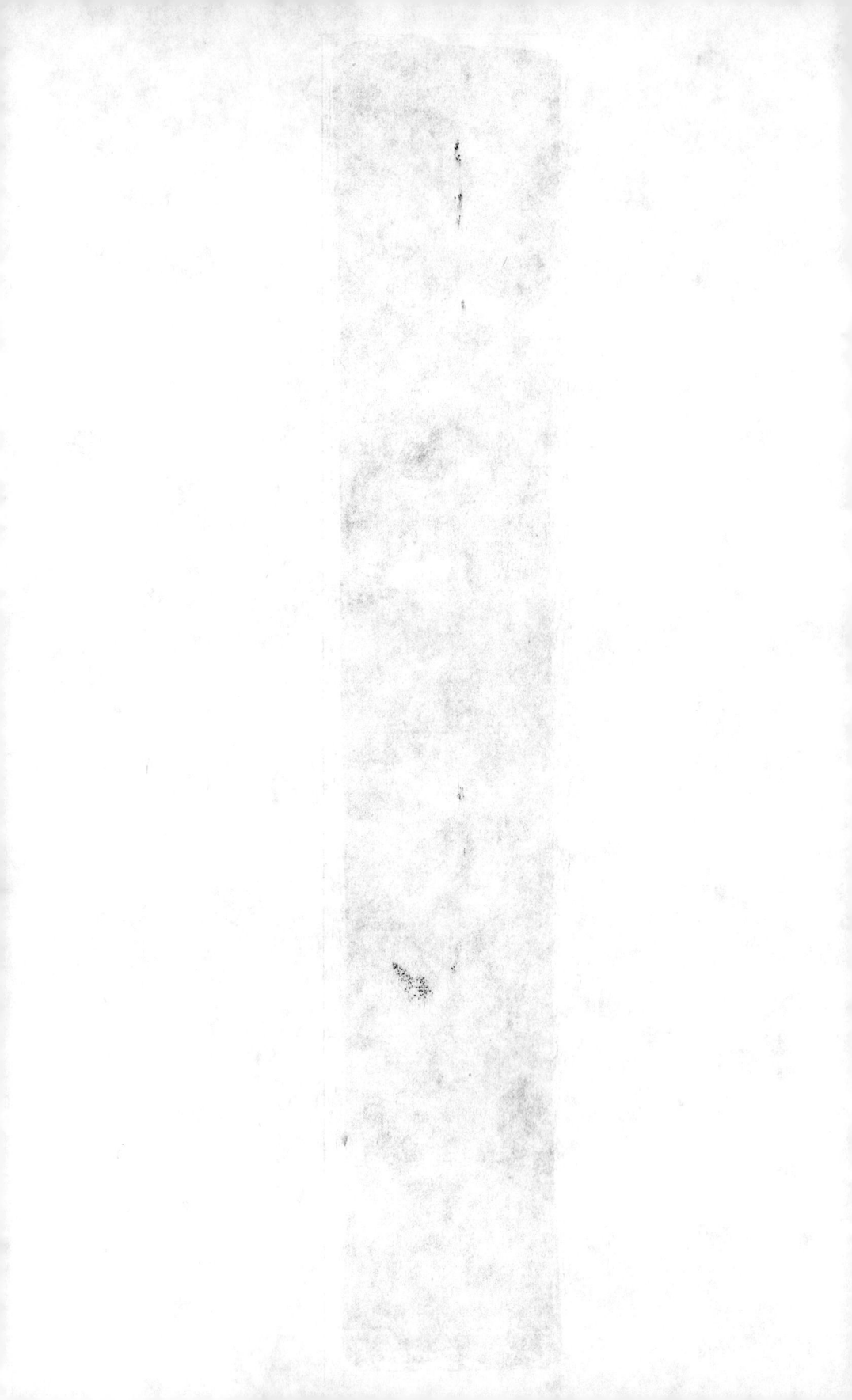

www.ingramcontent.com/pod-product-compliance
Lightning Source LLC
Chambersburg PA
CBHW060959220326
41599CB00023B/3770